Francisco Estrada García

Mauricio Botello Ortíz

DIBUJO INDUSTRIAL: MODELADO DE OBJETOS 3D

Ejemplos y ejercicios con SolidWorks®

DIBUJO INDUSTRIAL: MODELADO DE OBJETOS 3D

Ejemplos y ejercicios con SolidWorks®

Francisco Estrada García
Mauricio Botello Ortíz

Agradecemos al **Instituto Tecnológico Superior de la Región de los Llanos** por permitirnos desarrollar los conocimientos de diseño con Solid Works durante años, y plasmarlos en este libro.

1ª edición febrero de 2017

ISBN: 978-1-365-55850-4
Editorial: Lulu Press Inc.
USA - México

Contenido:

1. **DIBUJO BÁSICO PARA INGENIERÍA** 1
   - 1.1. INTRODUCCIÓN AL DIBUJO 1
   - 1.2. SIMBOLOGÍA UTILIZADA EN EL DIBUJO: ELECTRÍCA 3
     - 1.2.1. Simbología Eléctrica 4
       - 1.2.1.1. Bloques De Dibujo 5
       - 1.2.1.2. Creando Simbolos "Bloque" Mediante Solidworks® 6
   - 1.3. EJERCICIOS DE BLOQUES 14

2. **VISTAS AUXILIARES Y CORTES** 17
   - 2.1. Proyección ortográfica 17
     - 2.1.1. Las 6 vistas estándar 17
   - 2.2. Entendiendo los cortes de sección: 18
     - 2.2.1. Sección completa 18
     - 2.2.2. Secciones de partes individuales 18
     - 2.2.3. Cuarto de sección 18
     - 2.2.4. El plano de corte 19
     - 2.2.5. Colocación de las vistas de sección 19
   - 2.3. Obteniendo las 6 vistas estándar en un dibujo de SolidWorks®. 20
   - 2.4. Creando vistas de corte con SolidWorks®. 23
     - 2.4.1. Corte vertical 24
     - 2.4.2. Corte horizontal 25
     - 2.4.3. Corte alineado 26
   - 2.5. EJERCICIOS DE VISTAS CON SOLIDWORKS® 27

3. **GEOMETRÍA DESCRIPTIVA** 29
   - 3.1. INTRODUCCIÓN: 29
   - 3.2. SISTEMAS AXONOMÉTRICOS 30
   - 3.3. DIBUJO OBLICUO 30
   - 3.4. DIBUJO ISOMÉTRICO 31
   - 3.5. EJERCICIOS DE PROYECCIONES ISONOMÉTRICAS CON SOLIDWORKS® 34

4. **MODELADO DE OBJETOS EN 3D** 35
   - 4.1. REPASO DE COMANDOS BÁSICOS 35
     - 4.1.1. Entorno de trabajo 35
     - 4.1.2. Árbol de operaciones 36
     - 4.1.3. Vistas en el espacio de trabajo de SolidWorks® 37
   - 4.2. DIBUJO DE OBJETOS 3D A PARTIR DE UNA SUPERFICIE 2D 40
     - 4.2.1. Croquización 40
       - 4.2.1.1. Herramientas de croquizar 42
       - 4.2.1.2. Relaciones de posición más utilizadas en croquis: 42
       - 4.2.1.3. Definición de sistemas de medida: 45
       - 4.2.1.4. Diseñando un objeto en 2D con SolidWorks® 47

- 4.2.1.5. Problemas: 54
- *4.2.2. Dibujos de objetos 3D a partir de una superficie 2D* *55*
  - 4.2.2.1. Operaciones de diseño 56
- 4.3. EJEMPLO DE CREACIÓN DE SOLIDOS CON SOLIDWORKS® 57
- 4.4. EJERCICIOS 3D CON SOLIDWORKS® 62
  - *Práctica de Operación: Op-1* *62*
  - *Práctica de Operación: Op-2* *63*
  - *Práctica de Operación: Op-3* *64*

1. DIBUJO BÁSICO PARA INGENIERÍA

1.1. INTRODUCCIÓN AL DIBUJO

El diseño de prototipos es la parte más excitante de la elaboración de nuevos productos, ya que permite a los diseñadores expresar sus ideas o conceptos de cómo será el próximo producto que se encuentre en las tiendas.

Pero para que esas ideas de nuevos productos lleguen a volverse realidad, primero se deberán hacer algunos prototipos que permitan evaluar las características técnicas, ingenieriles y de belleza. Tales características deberán ser las que el cliente desea.

En este libro aprenderá a utilizar los comandos básicos de la herramienta de diseño SolidWorks® aplicado a simbología utilizada en el dibujo, tipos de cortes y vistas auxiliares, geometría descriptiva y el modelado de objetos 3D. Practicará realizando múltiples piezas, aprenderá a utilizar las diferentes vistas y elaborará diseños de piezas que gradualmente irán aumentando poco a poco su dificultad.

También encontrará al final de cada capítulo una sección de figuras reto, que le permitirán poner a prueba su destreza en el uso de la herramienta SolidWorks®.

SIMBOLOGÍA UTILIZADA EN EL DIBUJO: ELECTRÍCA

Para comprender mejor los dibujos hechos en ingeniería, es necesario aprender algunos simbolos que nos permiten explicar de manera simplificada y visula alguna característica o función de los que se está dibujando.

La simbología en el dibujo puede incluir figuras, letras y números o una combinación de éstas:

Figura 1: *Símbolos mayas*

1.2.1. Simbología Eléctrica

Algunos simbolos más comunes según la norma IEC (Comision Electrónica Internacional).

Figura 2: *Símbolos eléctricos IEC parte 1*

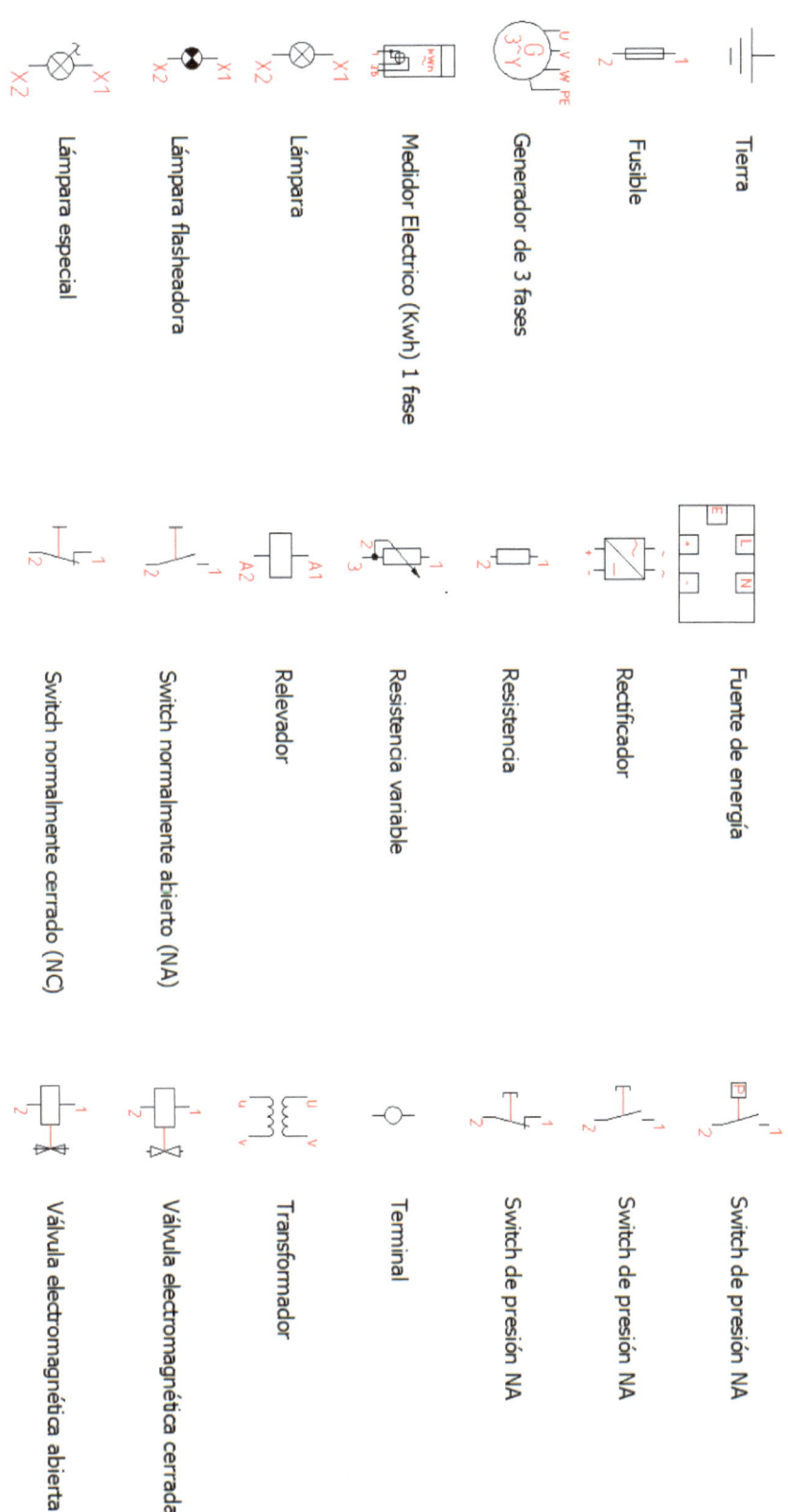

Figura 3: Símbolos eléctricos IEC parte 2

1.2.1.1. Bloques De Dibujo

Mediante SolidWorks® podemos crear bloques patrón, estos bloques son archivos de un formato que se pueden leer en la mayoría de los programas de diseño. Estos archivos son bastante útiles ya que nos permiten ahorrar tiempo, ya que un bloque puede repetirse muchas veces en el mismo dibujo, se puede escalar para obtener las dimensiones deseadas e incluso se pueden modificar para hacer bloques actualizados o más sofisticados.

Las extensiones en las que podemos encontrar los bloques son: .sldblk .dwg .dxf

A continuación, se muestran algunos bloques:

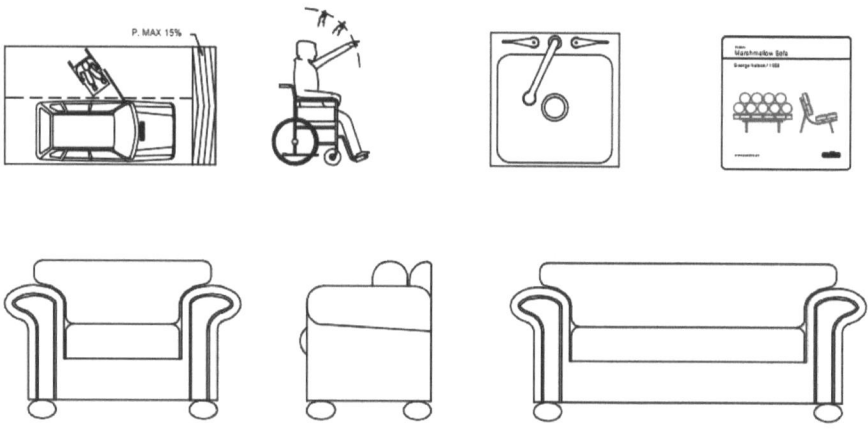

1.2.1.2. Creando Simbolos "Bloque" Mediante Solidworks®

A continuación, se describe como crear bloques mediante el programa SolidWorks®, usando un archivo imagen para hacer una especie de trazado sobre el dibujo y después eliminar el dibujo y guardarlo con alguna extensión.

Primero abra un archivo de **dibujo** de SolidWorks®

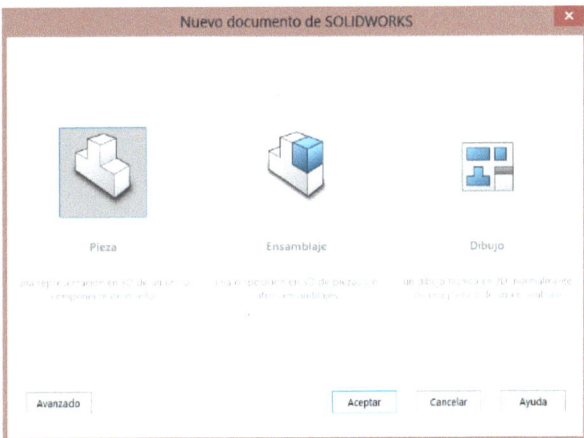

Elija el formato de la hoja, en este caso será una hoja de 11 pulgadas por 8.5 pulgadas.

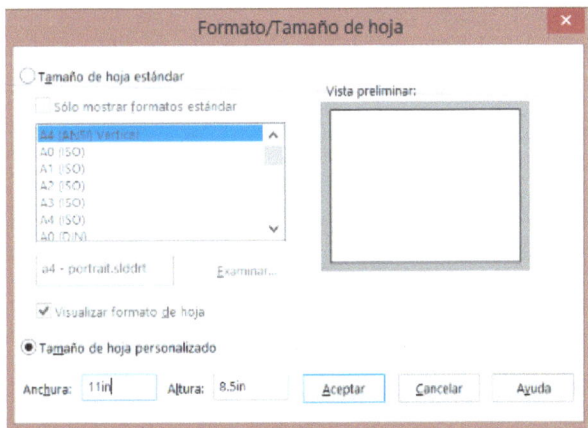

Agregamos el botón de Imagen de SolidWorks® para poder agregar un archivo imagen y poder hacer el trazo con las dimensiones deseadas.

Para eso, primero elija la pestaña de croquis, haga clic con el botón derecho sobre la barra de herramientas y elija personalizar, luego vaya a la pestaña de comandos, después a la categoría de croquis, enseguida vaya al icono de un retrato y arrástrelo y suéltelo sobre la barra de herramientas de croquis

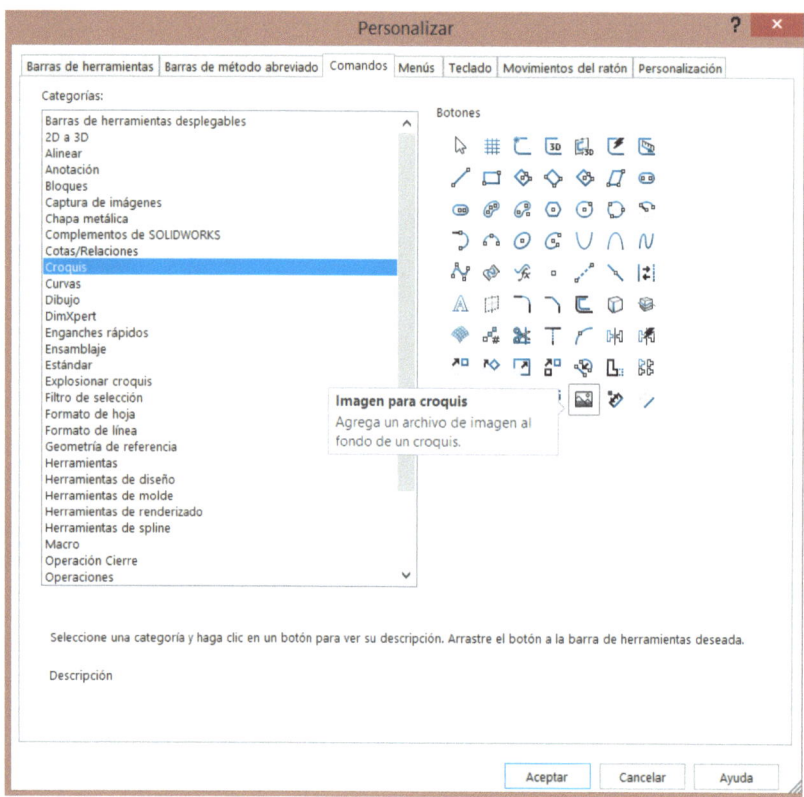

El resultado es el ícono llamado "Imagen para croquis"

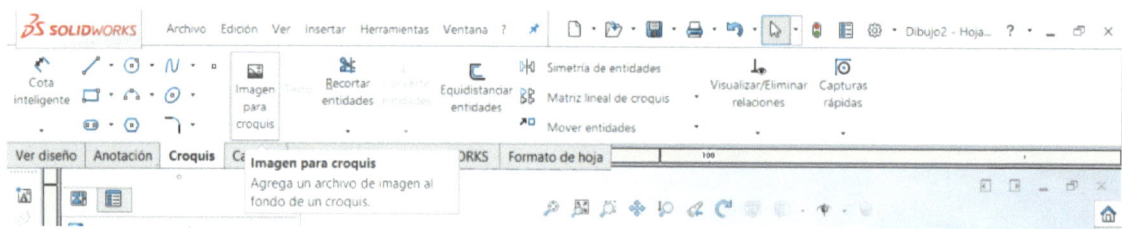

Seleccionamos la imagen deseada, podemos descargarla de internet:

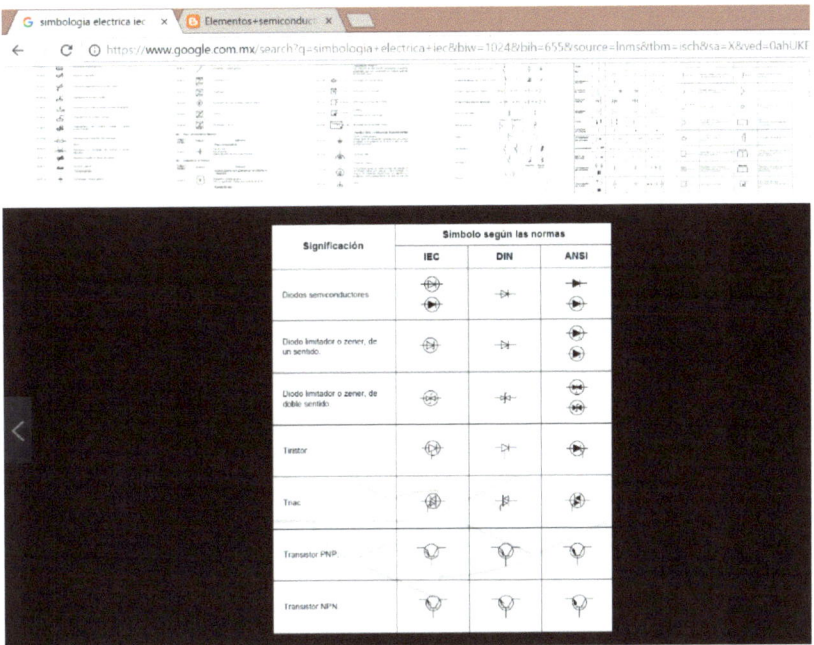

Desde el nuevo botón "Imagen para croquis" seleccionamos la imagen que buscamos previamente en internet.

Puede ajustar el tamaño de la imagen mediante los recuadros de las esquinas y los puntos medios de la imagen. Cuando haya terminado, haga clic en el ícono de aceptar.

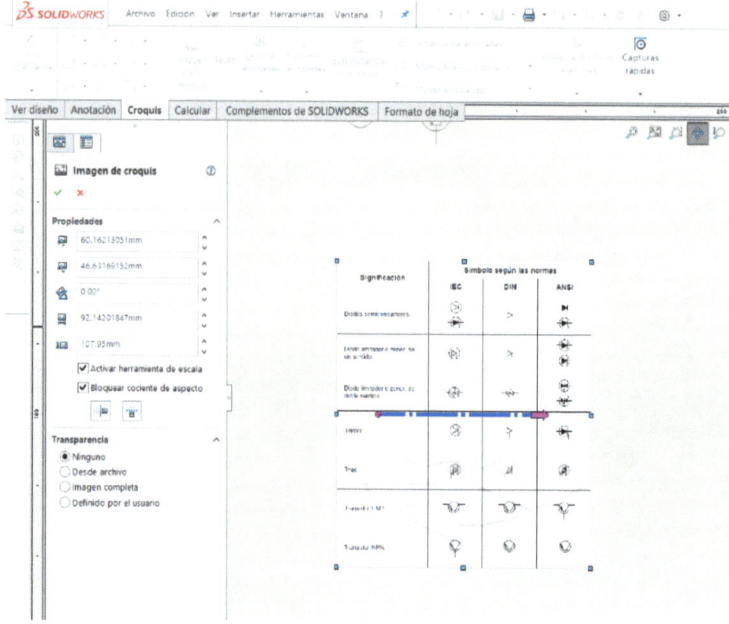

Empiece a hacer los trazos de alguno de los símbolos (en esta imagen se aprecian los trazos en color azul).

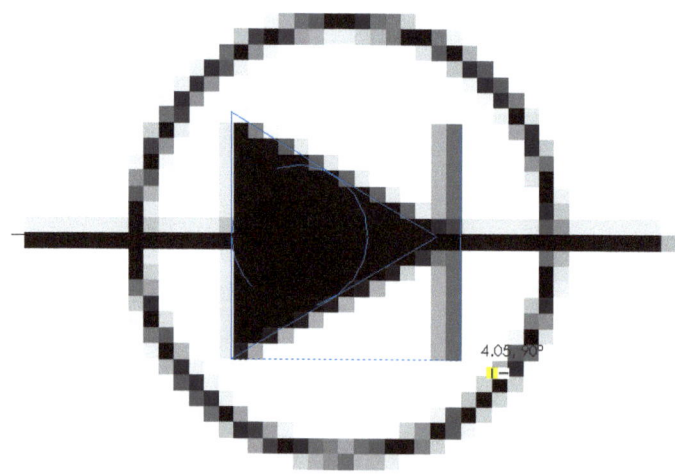

A continuación, haga doble clic en la imagen, se activará la edición de la imagen. Ahora podrá moverla hacia un costado (después de mover, puede presionar la tecla ESC para desactivar la edición de la imagen), y dejará visible el trazo del bloque que esté creando:

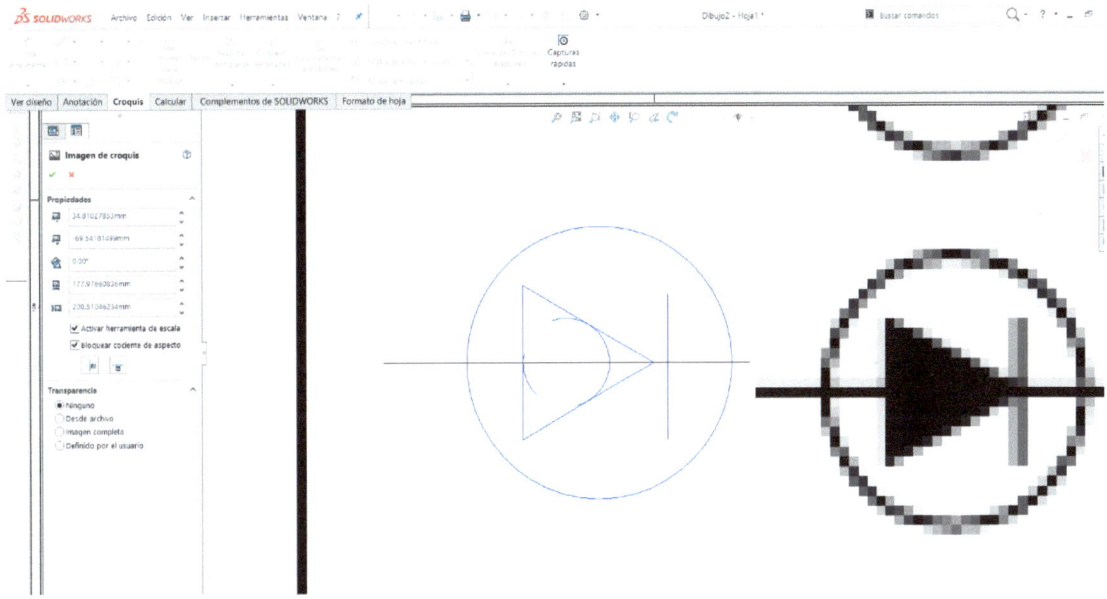

Para este símbolo (diodo) podrá eliminar el círculo que se encuentra dentro del triángulo.

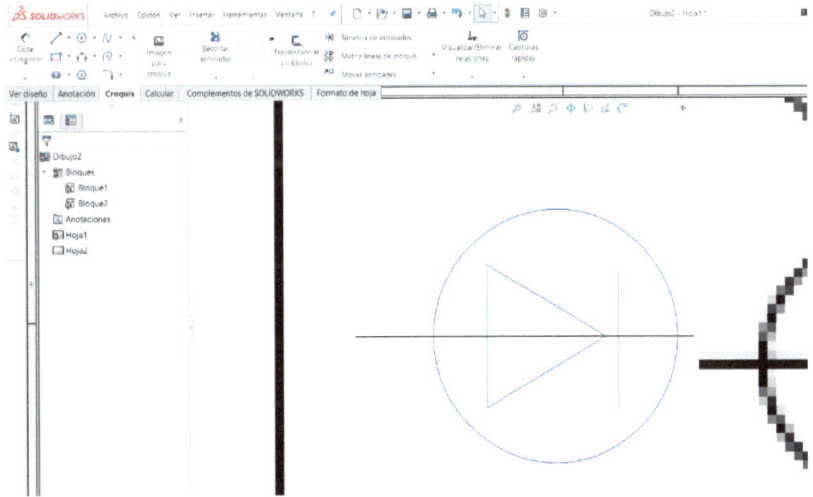

Puede rellenar el área de algunos elementos que dibuje en SolidWorks®, para ello vaya a la pestaña de anotación,

y después al icono Área Rallada Rellenar

Luego en la parte de la izquierda, elija la propiedad Continuo

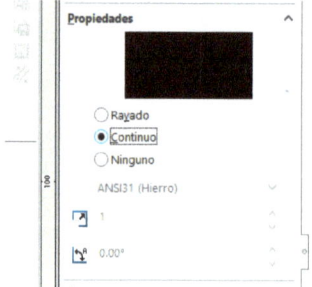

Ahora haga clic en el área a rellenar, en este caso es el triángulo. Al terminar elija el botón aceptar:

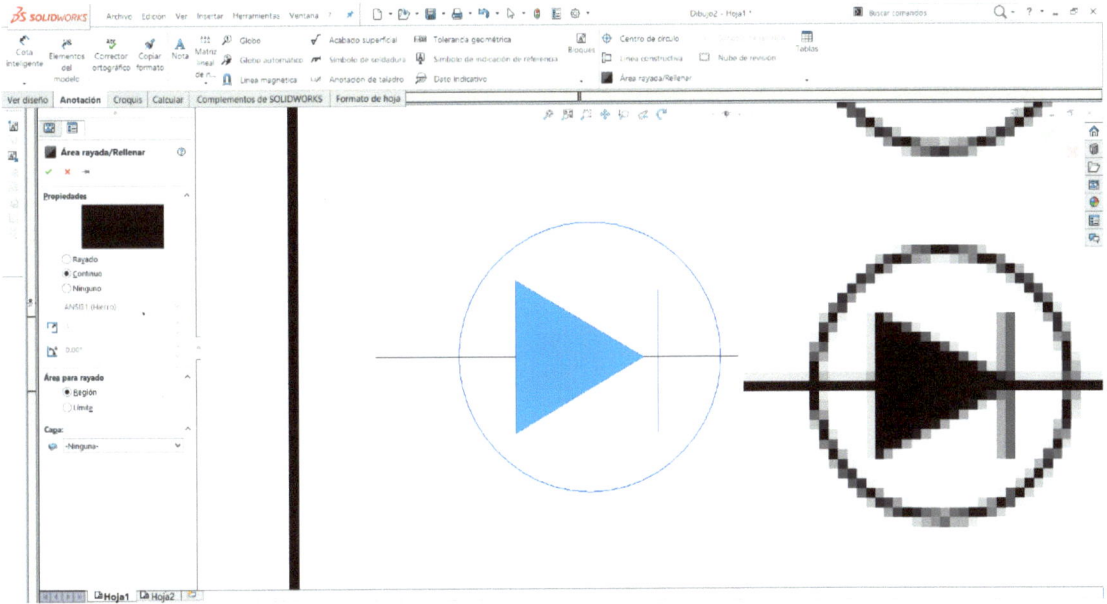

Después de lo anterior seleccione todos los elementos del bloque que quiere crear:

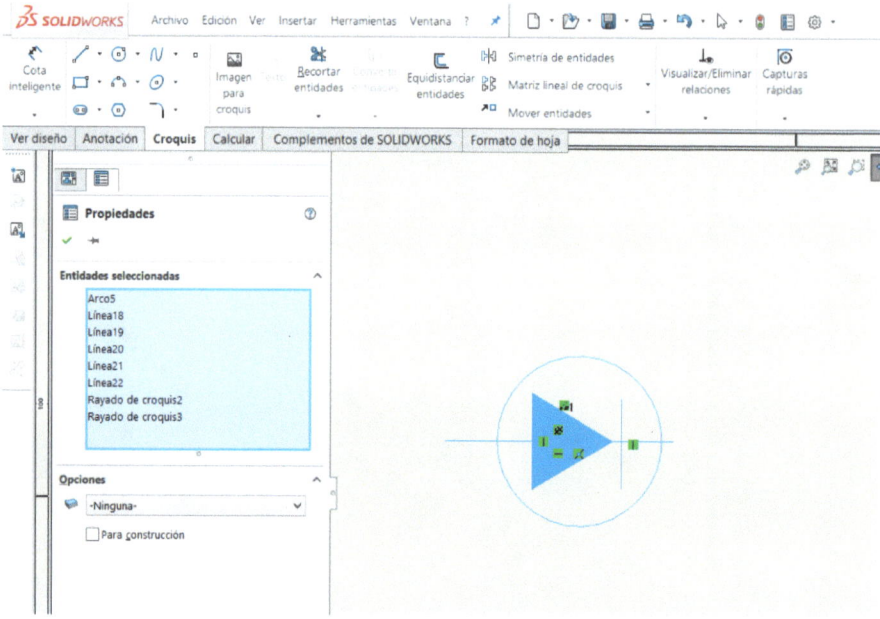

Luego vaya a la pestaña de anotación y elija el botón Bloques y después crear bloques:

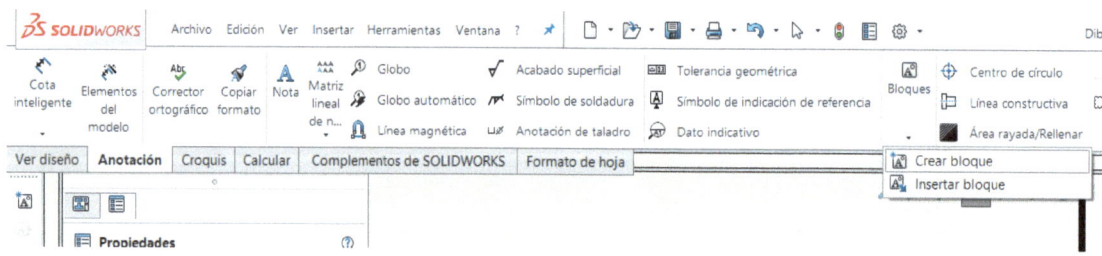

Ahora ha creado un bloque y lo puede Guardar con el nombre que desee. Recuerde que dicho bloque puede exportarse a muchos formatos de programas de dibujo, y podrá compartirlos con más personas para favorecer la productividad.

1.3. EJERCICIOS DE BLOQUES

La siguiente es un lista de ejercicios que puede hacer en bloques:

	Capacitor		Capacitor polarizado
	Contacto normalmente abierto (NA)		Contacto de 3 vías
	Contacto normalmente cerrado (NC)		Amperímetro
	Conector		Galvanómetro
	Diodo		Sincroniscopio
	Diodo emisor de luz		Voltímetro
	Lampara con transformador		Tierra
	Medidor Electrico (Kwh) 1 fase		Fusible

Ejercicios continuación parte 2...1

Símbolo	Descripción	Símbolo	Descripción
	Switch de proximidad NA		Motor 1 fase
	Switch de proximidad NC		Motor 3 fases
	Motor 3 fases con protección térmica		Switch de pedal NC
	Fuente de energía		Switch de pedal NA
	Rectificador		Switch de presión NC
	Switch de apagado de emergencia		Switch de presión NA
	Switch de de llave NC		Lámpara
	Switch de de llave NC		Lámpara flasheadora

pág. 16

Ejercicios continuación parte 3…

⊗	Lámpara especial	○	Terminal
	Válvula electromagnética cerrada		Resistencia
	Válvula electromagnética abierta		Transformador
	Válvula Electromagnética Cerrada		Resistencia variable
	Switch normalmente abierto (NA)		Relevador
	Switch normalmente cerrado (NC)		Botón Push NA
	Válvula Electromagnética Abierta		Acumulador
	Botón Push NA		Célula fotovoltáica

Los siguientes ejercicios son símbolos ISO:

2. VISTAS AUXILIARES Y CORTES

2.1. Proyección ortográfica

La vista de un objeto es llamada proyección. Cuando proyectamos en multiples vistas desde diferentes direcciónes tendremos una manera sistemática de las formas de un objeto 3D.

La proyección ortográfica o proyeccción **ortogonal** en una forma de representar objetos tridimensionales en 2 dimensiones.

2.1.1. Las 6 vistas estándar

Cualquier objeto puede ser representado en 6 direcciónes perpendiculares a las que llamaremos 6 vistas estándar. Dichas vistas son llamadas vistas: frontal, posterior, superior, inferior, izquierda y derecha. Estas vistas estándar se pueden explicar mejor con la siguiente figura:

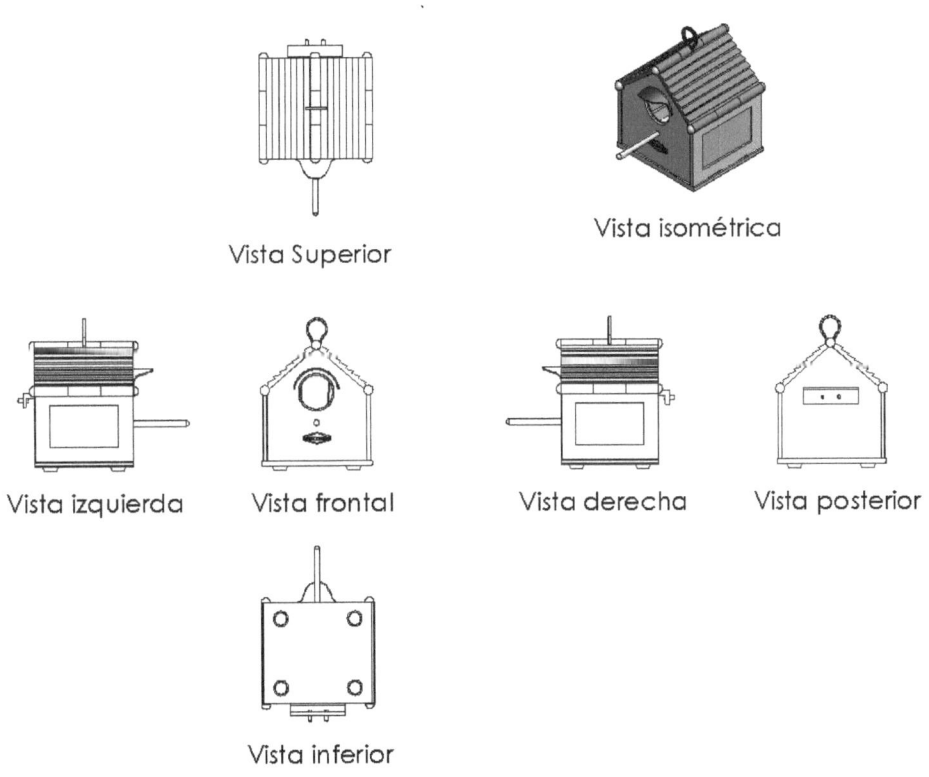

Figura 2.1.1 Casa de pájaro

2.2. Entendiendo los cortes de sección:

Los cortes de sección se utilizan para 3 cosas:

- Visualizar un diseño y fabricar partes individuales.
- Visualizar como se ensamblan piezas multiples.
- Ayudar en la visualización del funcionamiento interno de un diseño.

2.2.1. Sección completa

Si cortamos por la mitad la pieza, tenemos una vista llamada **Sección completa**, esta sección supone eliminar un mitad de la pieza (hacerla invisible) y esto nos permitirá ver a detalle como esta construida la pieza .

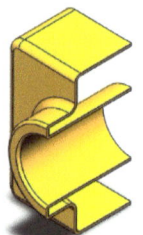

2.2.2. Secciones de partes individuales

Las piezas tambien pueden ser cortadas por elementos individuales (confugurables) de la pieza, esto nos permite ver solo sobre esa sección sin hacer invisible la mayoría de la pieza, logrando con ello observar los detalles de contrucción que de otra manera no sería posible.

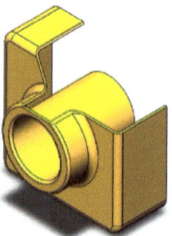

2.2.3. Cuarto de sección

Los cuartos de sección pueden ser utilizados para cortar piezas que son simetricas, aunque no son ta utilizadas ya que dificulta mostrar claramente las dimensiones.

2.2.4. El plano de corte

El plano de corte se muestra pegado de forma adyacente a la sección de la vista a cortar. Las flechas muestran la sección del plano a cortar.

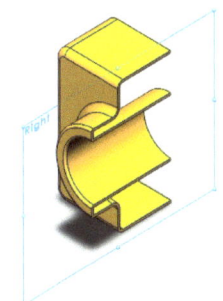

2.2.5. Colocación de las vistas de sección

Las vistas de sección pueden reemplazar las vistas superior, frontal, lateral, u otra vista orthografica en el arreglo estándar de vistas. La siguiente figura, muestra el dibujo de una vista frontal, y una vista de sección con sus cotas (figura de la derecha), la linea de corte es llamada A (figura de la izquierda).

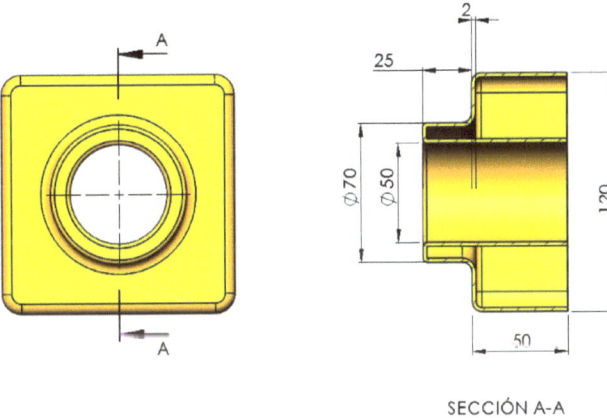

SECCIÓN A-A

2.3. Obteniendo las 6 vistas estándar en un dibujo de SolidWorks®.

Con SolidWorks® las vistas estándar están disponibles para cualquier modelo 3D, pero ested los puede proyectar tambien de forma manual. Para este ejemplo insertaremos utilizaremos una pieza que viene con SolidWorks®:

Para abrir la pieza **gear-caddy** siga los siguientes pasos:

- Ir al menu abrir, luego vaya a la unidad C: > Program files (archivos de programa) > Solidworks Corp > Solidworks > Samples > Tutorial > Assemblyvisualize > **gear-caddy.sldprt**

- Ya que abrió la pieza, presione **ctrl – 7** para ir a la vísta isométrica.

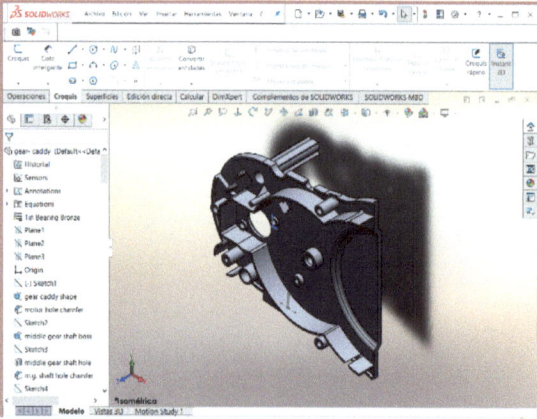

- Ahora vaya al menú archivo, y luego **Crear dibujo desde pieza.** Aparecerá una ventana en la que podrá configurar el tamaño de la hoja. Nosotros utilizaremos un tamaño de hoja carta, es decir de **11 pulgadas por 8.5 pulgadas** y presionakos el **botón de aceptar**:

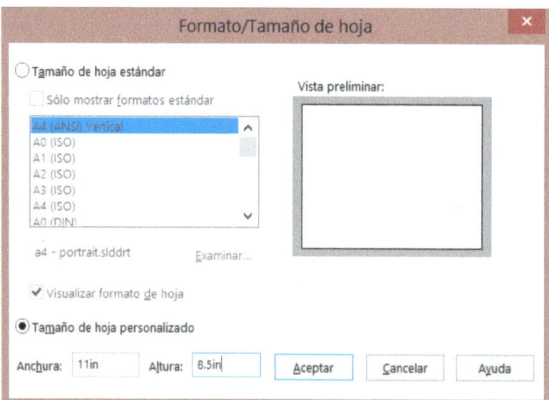

- Del lado derecho de la pantalla, estará disponible la paleta de visualización, a partir de ahí podremos utilizar cada una de las 6 vistas descritas anteriormente.

  o Primero arrastramos la **vista frontal** y soltamos sobre la hoja de dibujo.

  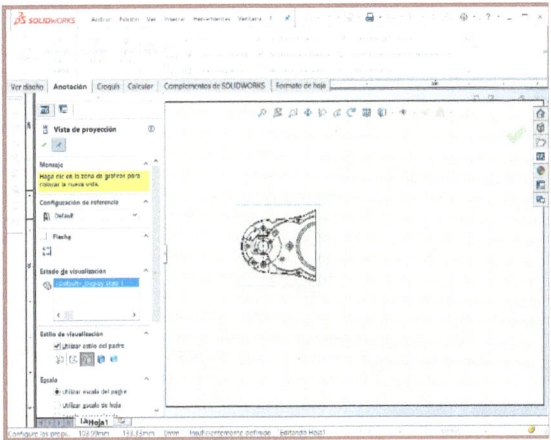

  o Luego si movemos el cursor a la derecha podremos observar que aparecerá la **vista derecha** haga clic en el lado derecho de la primera vista (frontal).

  o Ahora seguimos voviendo el cursor arriba de la primera pieza y hacemos clic para obtener la **vista superior**.

  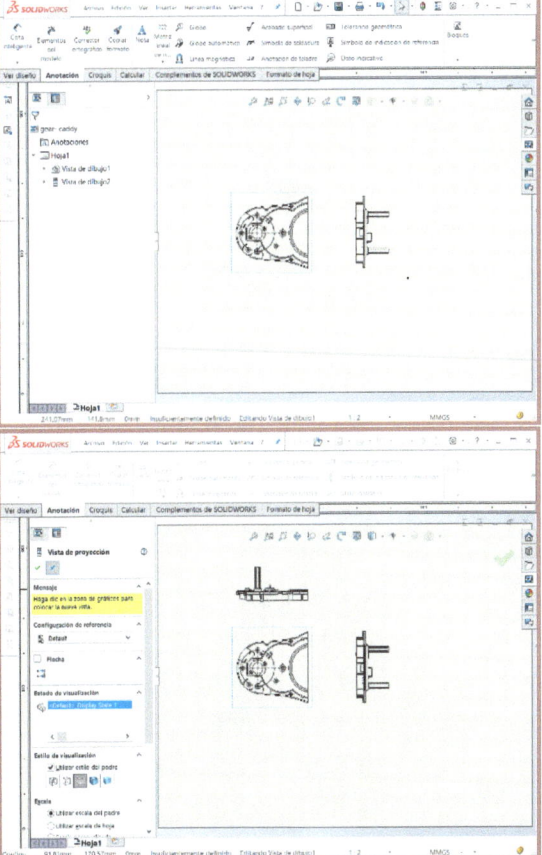

- Movemos el cursor a hacia abajo y hacemos clic para obtener la **vista inferior**.

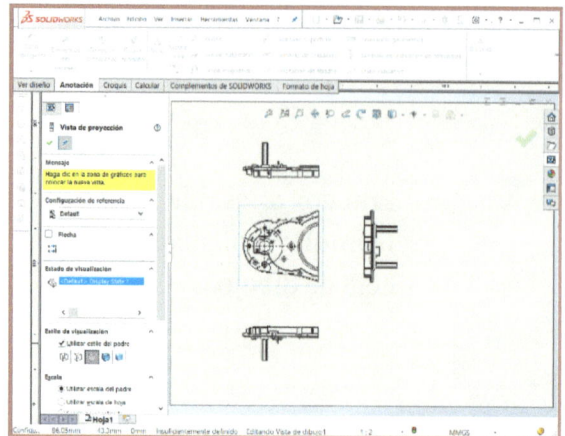

- Movemos el cursor a la izquierda y hacemos clic para obtener la **vista izquierda**.

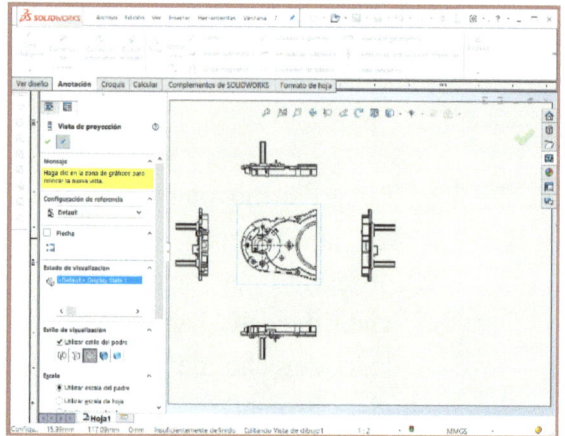

- Ahora solo falta la **vista posterior**, esta solo se puede agregar al hacer clic en el ícono de la paleta de visualizazción ubicada en la barra de menú del lado derecho del espacio de trabajo, luego arrastramos y soltamos el dibujo.

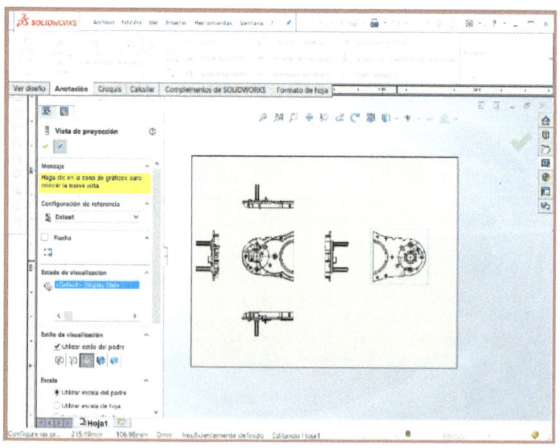

Con esto tenemos las 6 vistas estándar de un dibujo.

2.4. Creando vistas de corte con SolidWorks®.

Con SolidWorks® las vistas de corte están disponibles para usar dentro del espacio de trabajo cuando se crea una pieza en 3D y dentro de archivos de dibujo de SolidWorks®. En este ejemplo aprenderá a hacer cortes de vista a piezas dentro de un archivo de dibujo de solidworks. Para comenzar insertaremos utilizaremos una pieza que viene con SolidWorks®:

Para abrir la pieza **toaster** siga los siguientes pasos:

- Ir al menu abrir, luego vaya a la unidad C: > Program files (archivos de programa) > Solidworks Corp > Solidworks > Samples > Tutorial > api > **toaster.sldprt**

- Ya que abrió la pieza, presione **ctrl – 7** para ir a la vísta isométrica.

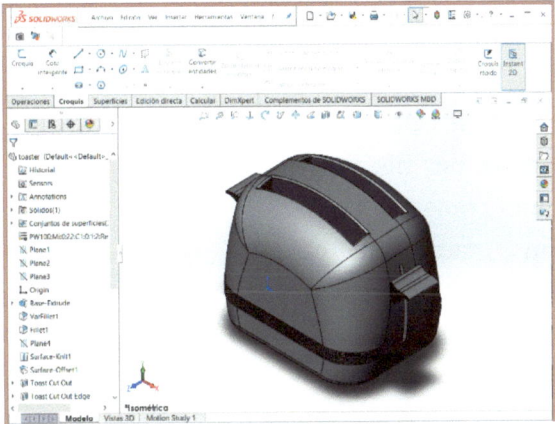

- Ahora vaya al menú archivo, y luego **Crear dibujo desde pieza.** Aparecerá una ventana en la que podrá configurar el tamaño de la hoja. Nosotros utilizaremos un tamaño de hoja carta, es decir de **11 pulgadas por 8.5 pulgadas** y presionakos el **botón de aceptar**:

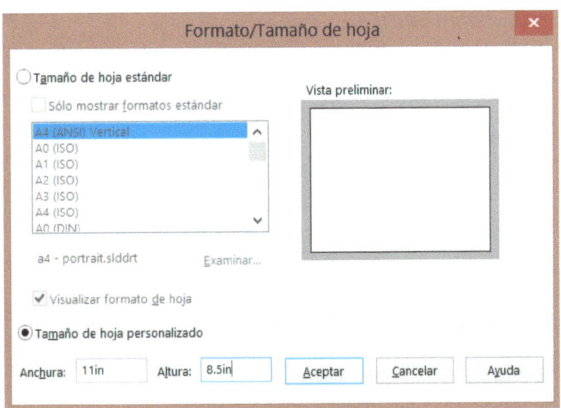

2.4.1. Corte vertical

- Del lado derecho de la pantalla, estará disponible la paleta de visualización, a partir de ahí seguiremos los siguientes pasos:

  o Arrastre la figura llamada frontal y sueltela en la hoja.

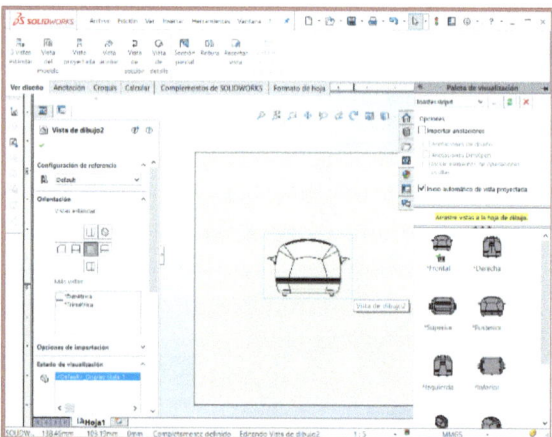

  o Ahora vaya a la pestaña de arriba llamada **Ver diseño** y seleccione el comando **vista de sección**. Aparecerá en el cursor una linea vertical con unas flechas horizontales hacia los lados.

  o Coloque el cursor sobre el modelo y procurando que la linea vertical quede a la mitad del dibujo. Haga clic en ese lugar, aparecerá un pequeño cuadro de opciones, haga clic en aceptar.

  o Al mover el cursor hacia la derecha, aparecerá la vista con el corte y viendo de manera normal al plano de

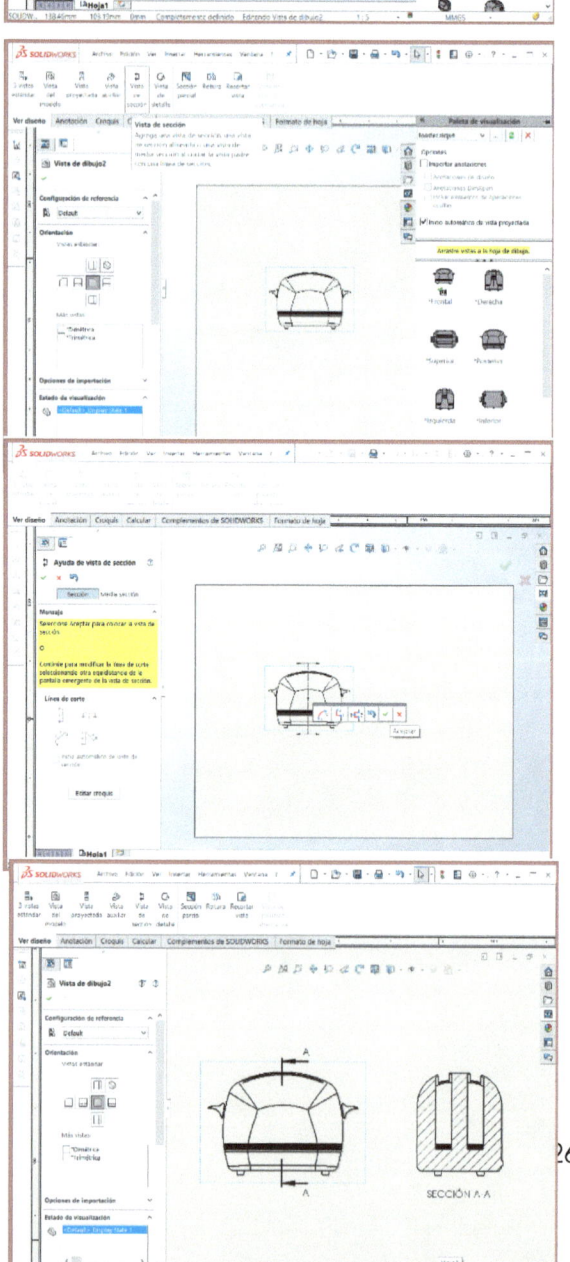

corte. Dicha vista se llamara Sección A – A.

La dirección de las flecas negritas, indican la dirección de la vista.

2.4.2. Corte horizontal

- Del lado derecho de la pantalla, estará disponible la paleta de visualización, a partir de ahí seguiremos los siguientes pasos:

  o Arrastre la figura llamada frontal y sueltela en la hoja.

  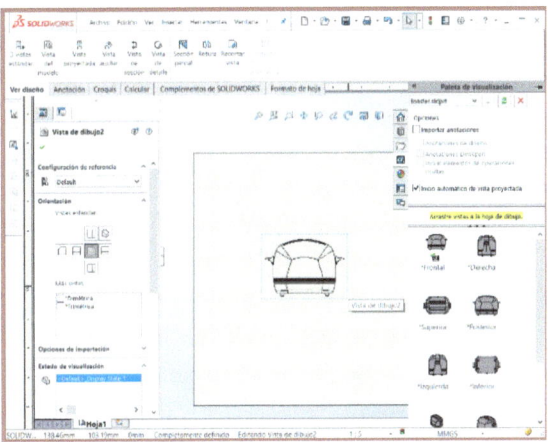

  o Ahora vaya a la pestaña de arriba llamada **Ver diseño** y seleccione el comando **vista de sección**. Aparecerá en el cursor una linea vertical con unas flechas horizontales hacia los lados.

  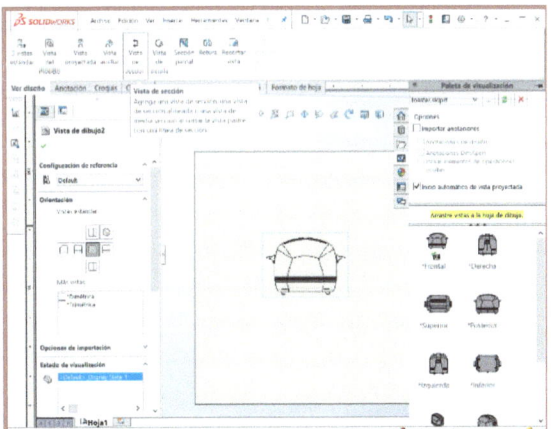

- Luego en el menú del lado izquierdo llamado **Ayuda de vista de sección** vaya a la sección llamada **Linea de corte** y elija la opción llamada horizontal y coloquela en la parte central de la pieza. La vista de corte horizontal se llama ahora **Sección B – B**.

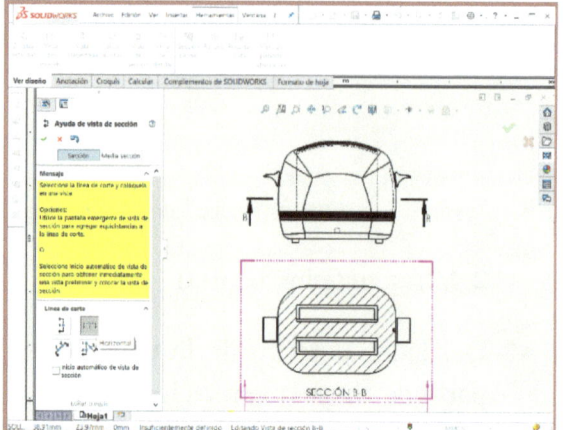

La dirección de las flecas negritas, indican la dirección de la vista.

2.4.3. Corte alineado

- Seguimos los pasos que en el corte vertical y el corte horizontal, pero al momento de seleccionar la **Linea de corte,** elegimos la opción llamada **Alineado**. Luego movemos el cursor al centro de la pieza, luego movemos el cursor hacia la derecha hasta tener una linea horizontal y hacemos clic,

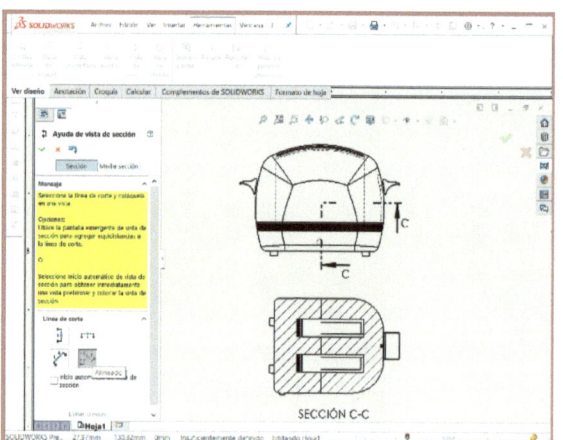

luego movemos el cursor hasta que tengamos una linea vertical en la parte de abajo, el resultado es la **sección C – C**.

pág. 28

2.5. EJERCICIOS DE VISTAS CON SOLIDWORKS®

La siguiente es una lista de ejerciciosen los que puede hacer los cortes de vistas elabora una vista vertical y una horizontal para los sigientes ejercicios:

C: > Program Files > SOLIDWORKS Corp > SolidWorks > samples > tutorial > api

a) clamp2.sldprt

b) wheel_hub.sldprt

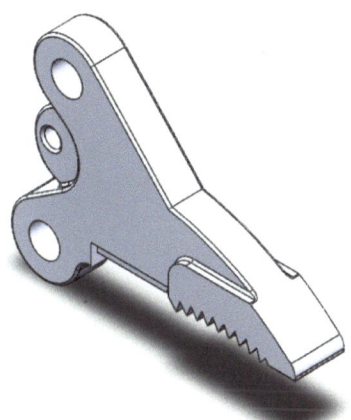 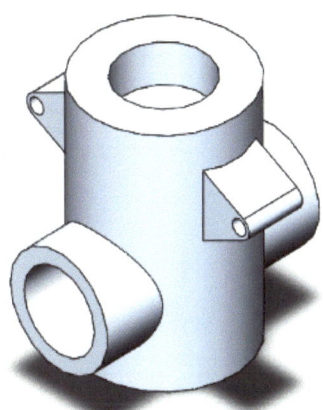

C: > Program Files > SOLIDWORKS Corp > SolidWorks > samples > tutorial > assemblymates

c) clamp.sldprt

d) pin.sldprt

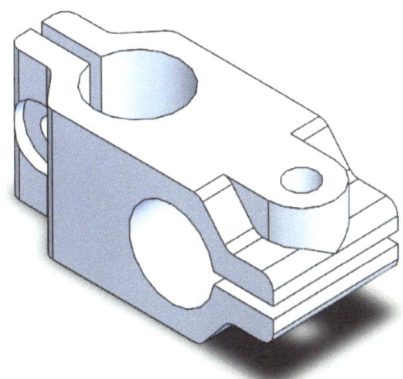 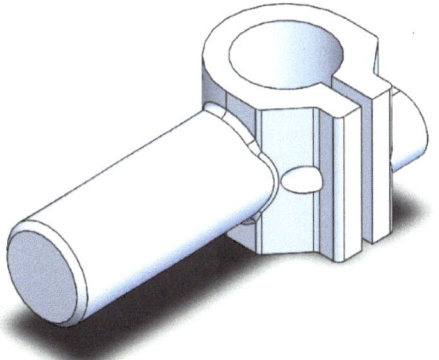

C: > Program Files > SOLIDWORKS Corp > SolidWorks > samples > tutorial > cosmosxpress

e) aw_anchor_plate.sldprt

f) wheel_hub.sldprt

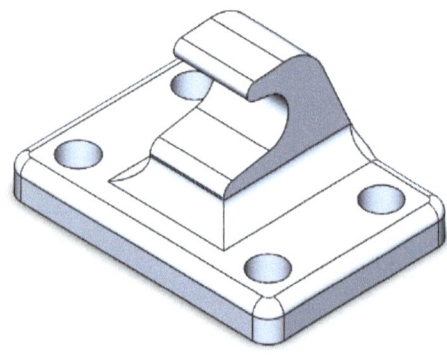
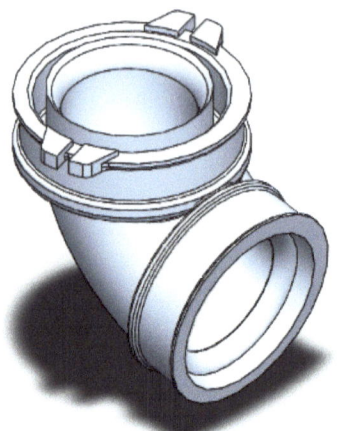

C: > Program Files > SOLIDWORKS Corp > SolidWorks > samples > tutorial > tolanalyst > introduction

g) housing.sldprt

h) worm gear.sldprt

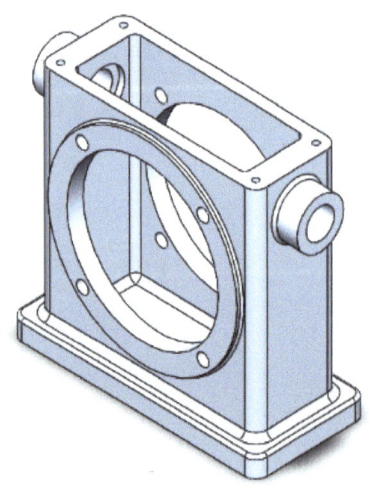
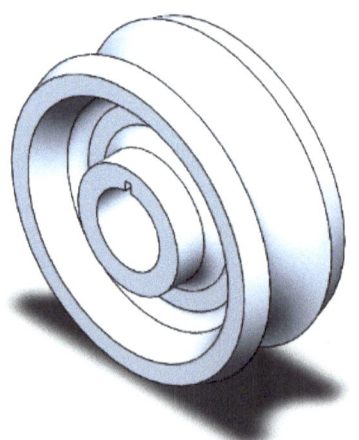

3. GEOMETRÍA DESCRIPTIVA

3.1. INTRODUCCIÓN:

Los sistemas de proyección sirven para determinar con precisión cualquier elemento o forma del espacio. Permiten apreciar formas, contornos, y detalles de una figura. Estos sistemas se dividen en 3, los de proyección multi-vistas, los sistemas axonométricos y los sistemas cónicos.

1. La proyección multi-vistas muestra las diferentes caras del objeto en una sola vista a la vez.

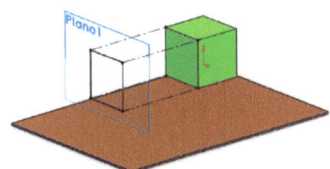

2. Las figuras que se representan en un sistema cónico se llaman también perspectivas. Estas figuras depende de cómo mira el observador a la figura, denotando que mientras mira hacia atrás pareciera que se va achicando (esta es la proyección que utilizan nuestros ojos para una figura tridimensional).

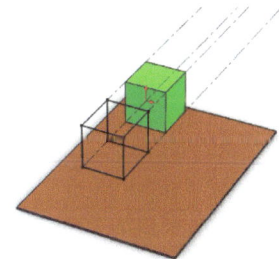

3. Las figuras representadas en los sistemas axonométricos utilizan el sistema de eje de coordenadas rectangulares, con los ejes denominados X, Y y Z que son perpendiculares entre sí, es decir que sus proyecciones al infinito jamás se cruzan.

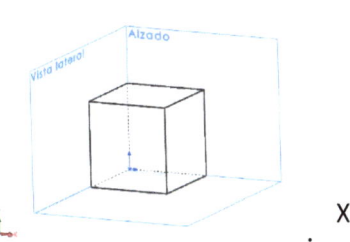

En este capítulo nos enfocare y los sistemas axonométricos.

3.2. SISTEMAS AXONOMÉTRICOS

Los sistemas Axonométricos pueden ser **Ortogonales** y **Oblicuos**, y se clasifican en Isométrico, Dimétrico y Trimétrico.

La **proyección ortogonal** se aprendió en el capítulo anterior y es representada con las 6 vistas estándar.

3.3. DIBUJO OBLICUO

La **proyección oblicua** es aquella en la al dibujar en 2D representamos las figuras tridimensionales, permitiendo una visualización de la pieza que se pueden ver 3 caras laterales de la pieza al mismo tiempo.

La proyección oblicua es representada principalmente por la proyección isométrica, dimétrica, trimétrica, caballera y militar.

En este libro aprenderemos a crear las primeras 3 que se mencionaron anteriormente.

Las siguientes figuras muestran los coeficientes de reducción, los ángulos entre cada eje y la perspectiva de un cubo de arista unidad u = 25mm, en cada sistema.

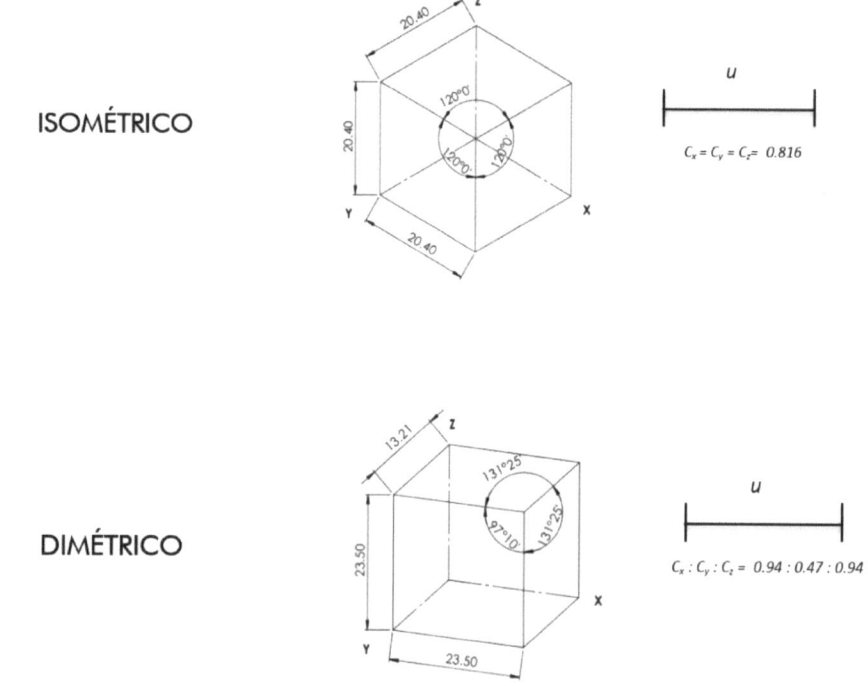

TRIMÉTRICO

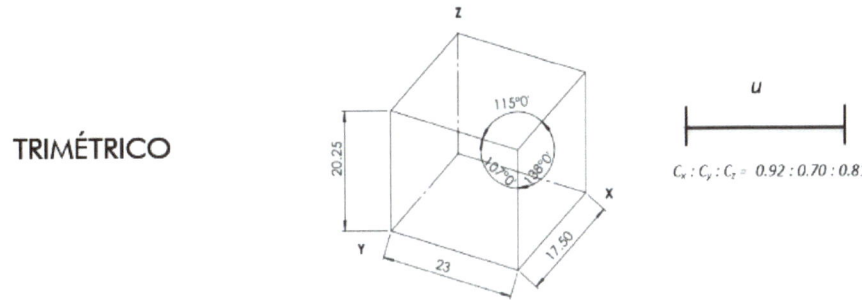

3.4. DIBUJO ISOMÉTRICO

En esta proyección todos los angulos de un vertice son de 120° y un eje se mantiene vertical. Además la V que se forma desde el eje horizontal, se trazan a partir de 30° de cada lado. Las medidas se escalan a una proporcion de 81.6%.

Comenzaremos con la siguiente figura:

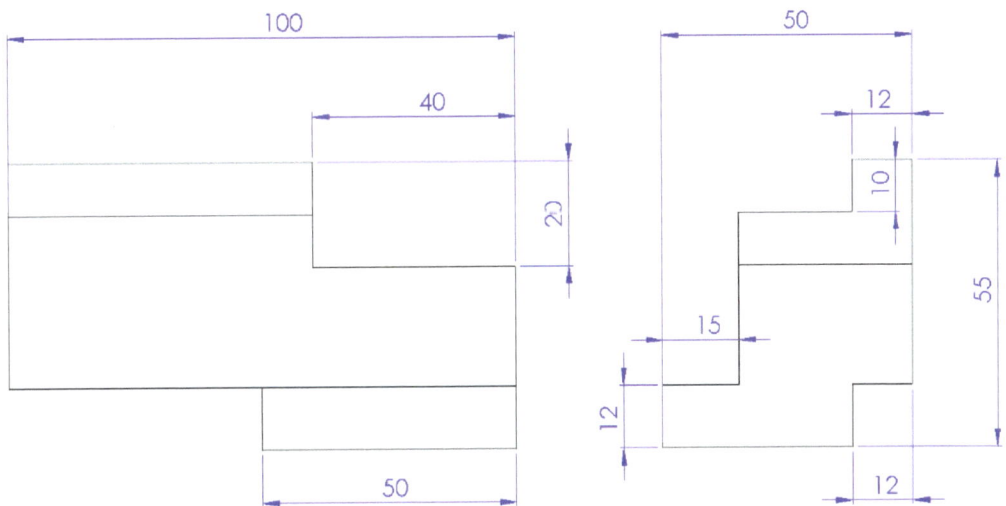

Para hacer un dibujo isométrico es necesario dibujar primeramente un prisma rectangular.

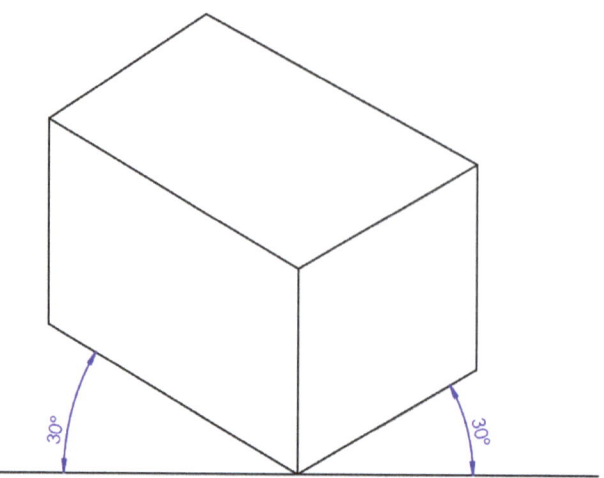

Luego hay que empezar a hacer los trazos de la cara derecha

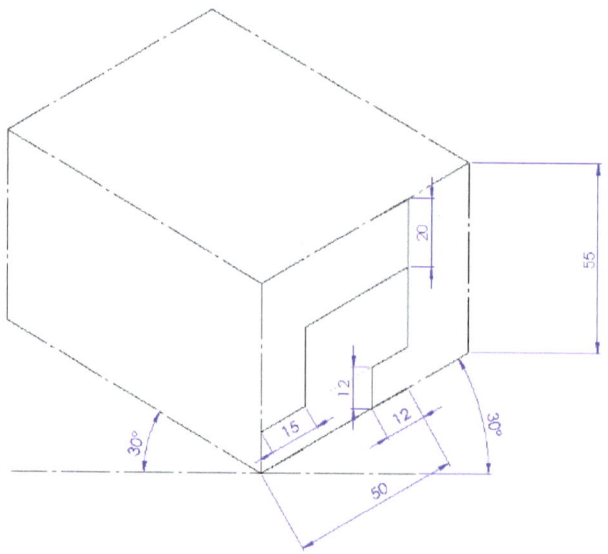

Luego trazamos las lineas de la cara superior y frontal, procurando proyectar cada elemento, considerando las medidas de las cotas.

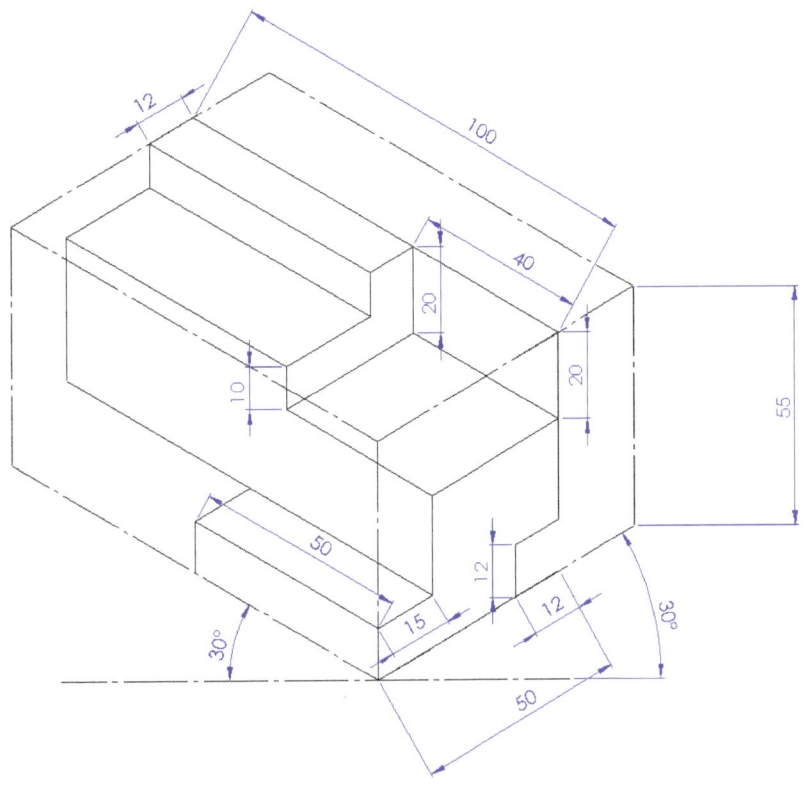

El resultado final es el siguiente:

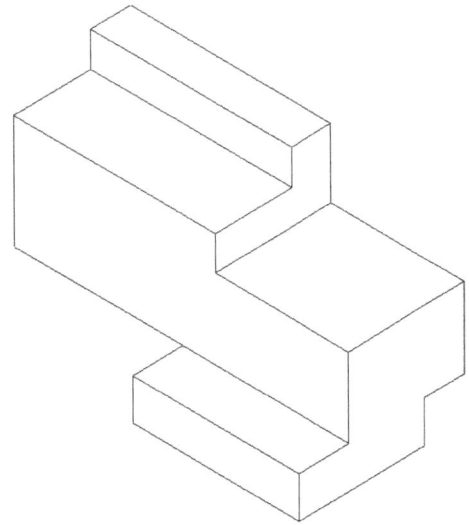

pág. 35

3.5. EJERCICIOS DE PROYECCIONES ISONOMÉTRICAS CON SOLIDWORKS®

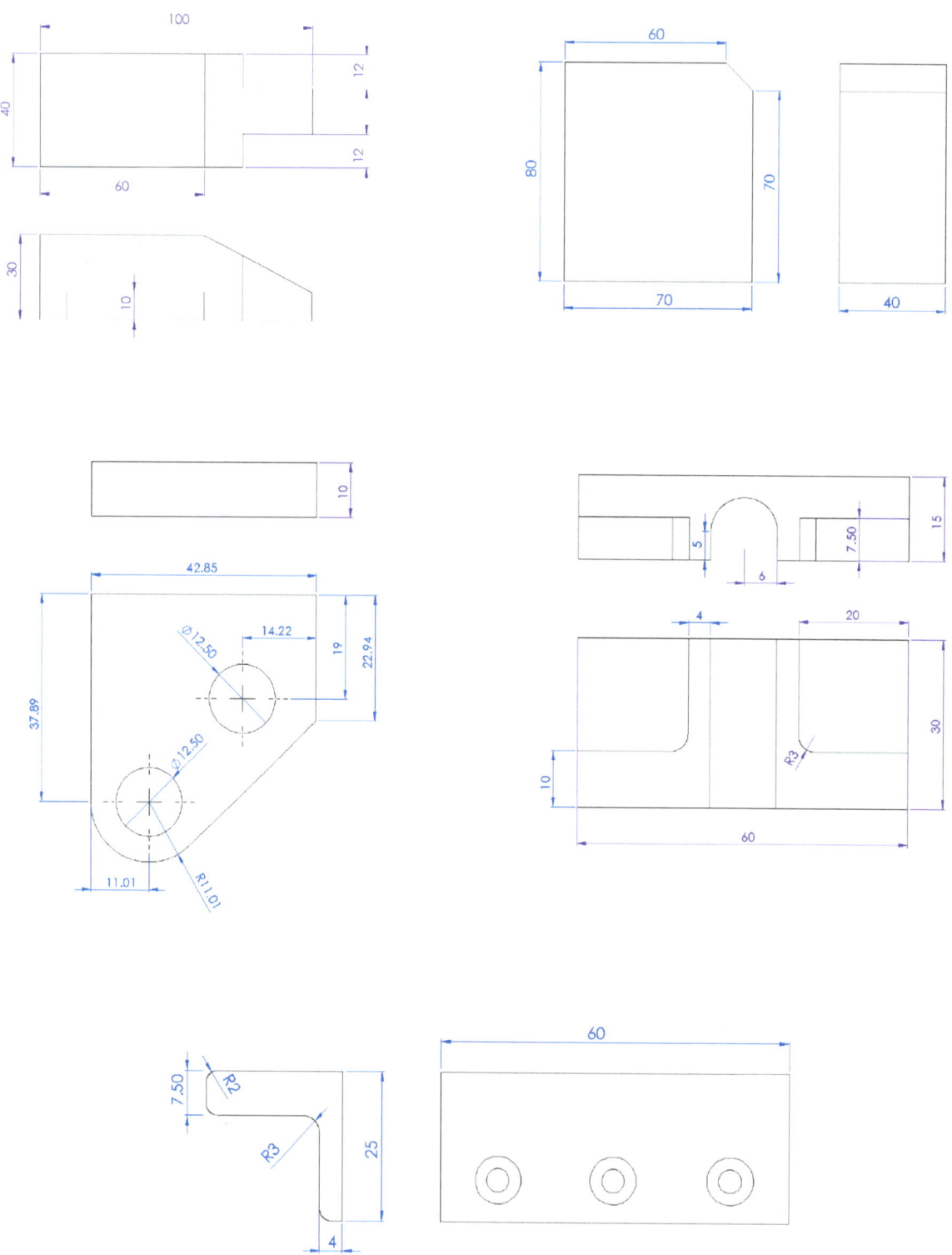

pág. 36

4. MODELADO DE OBJETOS EN 3D

4.1. REPASO DE COMANDOS BÁSICOS

4.1.1. Entorno de trabajo

El entorno de trabajo está dividido en 3 zonas. En la parte superior se tiene la **barra de menús** donde se encuentran todas las barras de herramientas en menús de persiana desplegables y barra flotante.

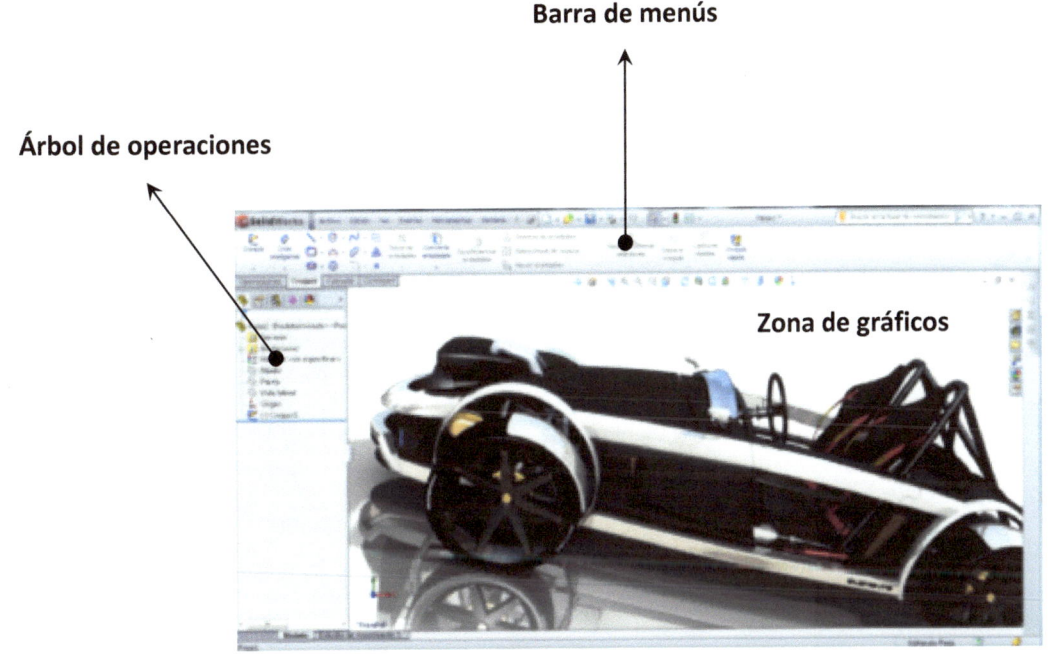

La ventana de trabajo es donde se visualiza el modelo que se está construyendo, consta de 2 áreas. La zona de gráficos y la del árbol de operaciones, donde se pueden ver todas y cada una de las operaciones que se han realizado en el diseño.

4.1.2. Árbol de operaciones

Muestra el histórico de las operaciones realizadas en su **pieza, ensamblaje o dibujo**, las operaciones registradas en el **árbol de diseño** se muestran en el orden de creación, las más recientes se colocan en la parte inferior, mientras que las más antiguas o primeras se sitúan en la parte superior. Todas pueden editarse pulsando sobre la operación con el botón secundario del ratón y seleccionando **editar croquis o editar operación.**

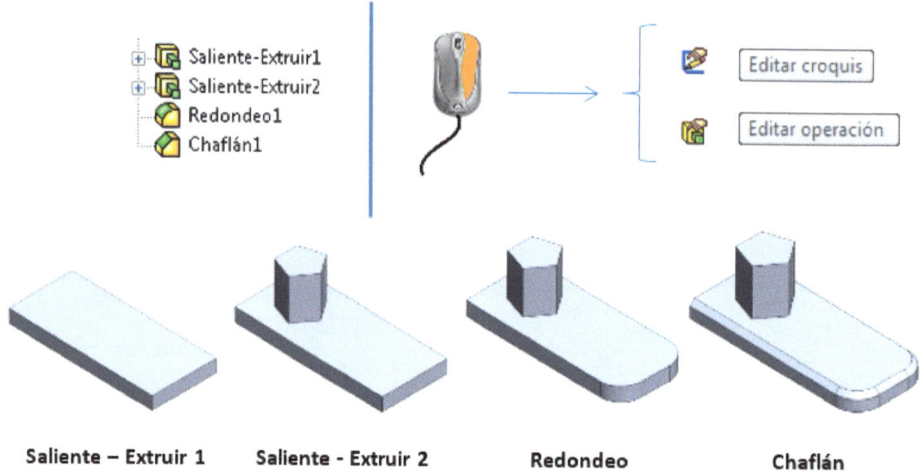

Figura 1.2. Árbol de operaciones

4.1.3. Vistas en el espacio de trabajo de SolidWorks®

Cuando diseñamos alguna pieza es posible ver cada una de las perspectivas tipicas del dibujo. SolidWorks® cuenta con diferentes opciones de vitas, para activarlo basta con ir al menú de iconos que se encuentran en la parte superior del espacio de trabajo, ahí encontrará un cubo trasparente, con la cara frontal en color azúl, este ícono se llama **Ver orientación**.

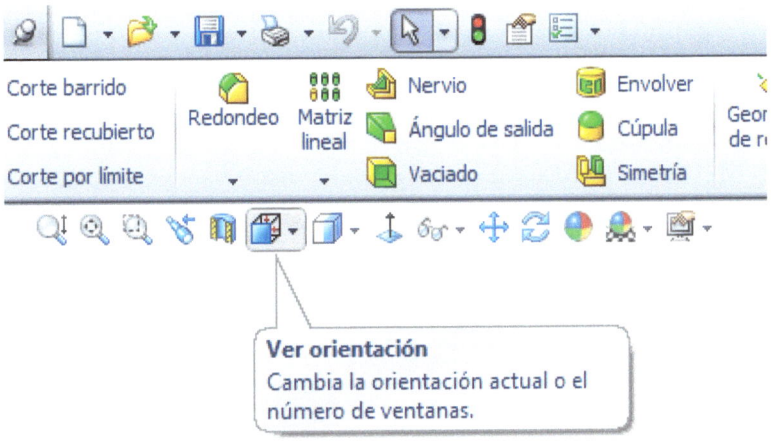

Ahí se encuentran las multiples vistas a las cuales tambien se puede accesar con la tecla **control + un número**, las vistas son las siguientes de izquierda a derecha, de arriba hacia abajo:

	Superior (ctrl + 5): Gira y aplica el zoom sobre el modelo con respecto a la orientación de la vista superior.
	Isométrica (ctrl + 7): Gira y aplica el zoom sobre el modelo con respecto a la orientación de la vista isométrica.
	Trímetrica: Gira y aplica el zoom sobre el modelo con respecto a la orientación de la vista trimetrica.
	Dimétrica: Gira y aplica el zoom sobre el modelo con respecto a la orientación de la vista dimétrica.
	Izquierda (ctrl + 3): Gira y aplica el zoom sobre el modelo con respecto a la orientación de la vista izquierda.

	Frontal (ctrl + 1): Gira y aplica el zoom sobre el modelo con respecto a la orientación de la vista frontal.
	Derecha (ctrl + 4): Gira y aplica el zoom sobre el modelo con respecto a la orientación de la vista derecha.
	Posterior (ctrl + 2): Gira y aplica el zoom sobre el modelo con respecto a la orientación de la vista posterior.
	Inferior (ctrl + 6): Gira y aplica el zoom sobre el modelo con respecto a la orientación de la vista inferior.
	Normal a (ctrl + 8): Gira y aplica el zoom sobre el modelo con respecto a la orientación de vista normal al plano, la cara plana o la orientación seleccionados.
	Vista unica: Visualizar el área de trabajo con una vista única.
	Dos vistas – Horizontal: Visualizar el área de trabajo con vistas frontal y superior.
	Dos vistas – Vertival: Visualizar el área de trabajo con vistas frontal y derecha.
	Cuatro vistas: Visualizar el área de trabajo con cuatro vistas con el primer o cuarto angulo de proyección

La siguiente imagen muestra una pieza en la opcion de cuatro vistas: frontal, izquierdo, superior y trimétrico.

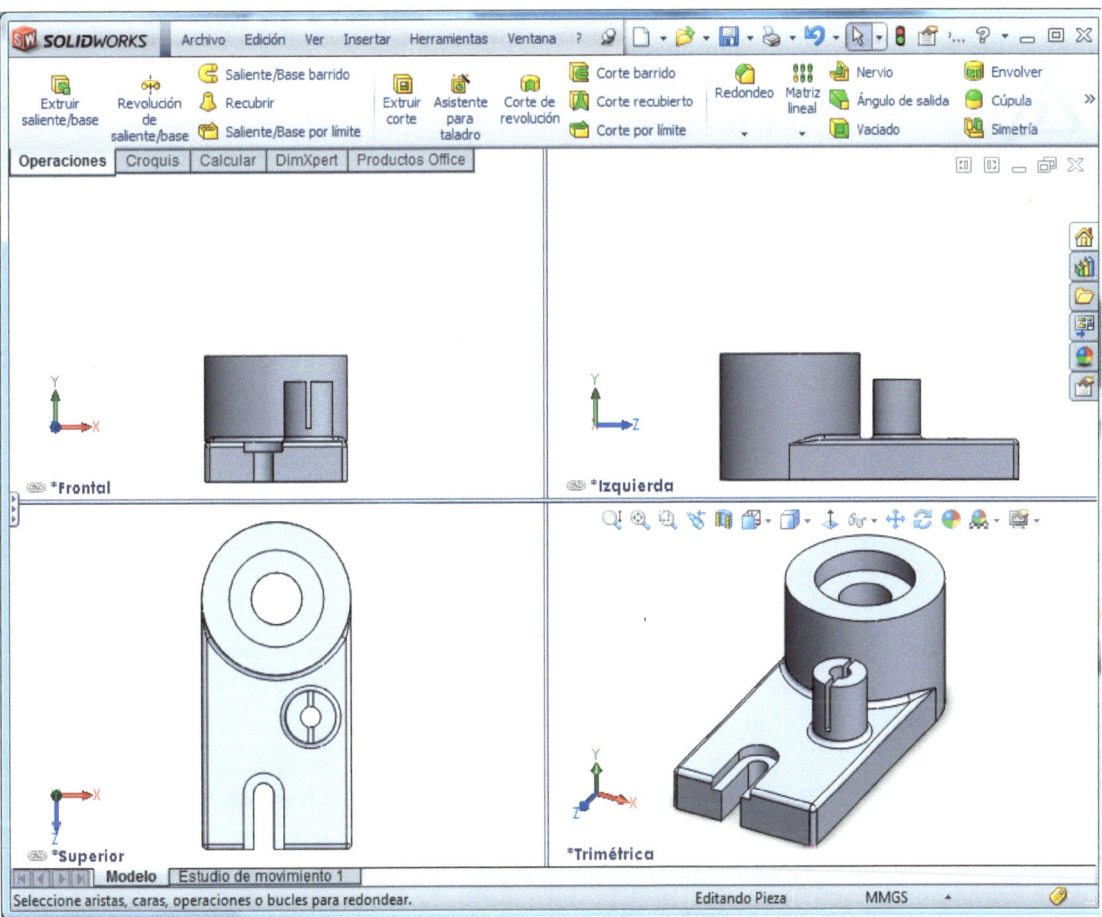

pág. 41

4.2. DIBUJO DE OBJETOS 3D A PARTIR DE UNA SUPERFICIE 2D

4.2.1. Croquización

Todo proceso de creación de un modelo tridimensional requiere la definición inicial de un croquis en 2D al que se le denota de una tercera dimensión para obtener un solido o superficie en 3 dimensiones.

La creación de modelos 3d exige la definición previa de un contorno en 2D. Los contornos se crean mediante las herramientas de croquización sobre un plano previamente seleccionado. A continuación deben ser definidos geometricamente mediante la acotación (dimensional y angular) y/o la agregación de relaciones geometricas entre entidades del propio croquis (concentricidad, tangencia, etc.).

Todo proceso de creación de un modelo tridimensional requiere de 4 etapas mínimas:

1. Selecicón de un **plano** de trabajo.
2. **Croquización** de la geometría dimensional del objeto.
3. **Acotación** e inserción de **Relaciones Geométricas**.
4. Creación de la **Operación Tridimensional** (**Extrusión, Revolución**, etc.)

Las 3 primeras etapas corresponden a la definición de un croquis 2D. La última de las etapas forma parte de la definición tridimensional. No es preciso seguir el mismo orden, si no que puede empezar, en algunos casos, por la selección de una herramienta de croquización y posteriormente definir el plano de trabajo. Tambien puede pulsar sobre el tipo de operación tridimensional, selecciónar un plano de trabajo y posteriormente croquizar el perfil dimensional.

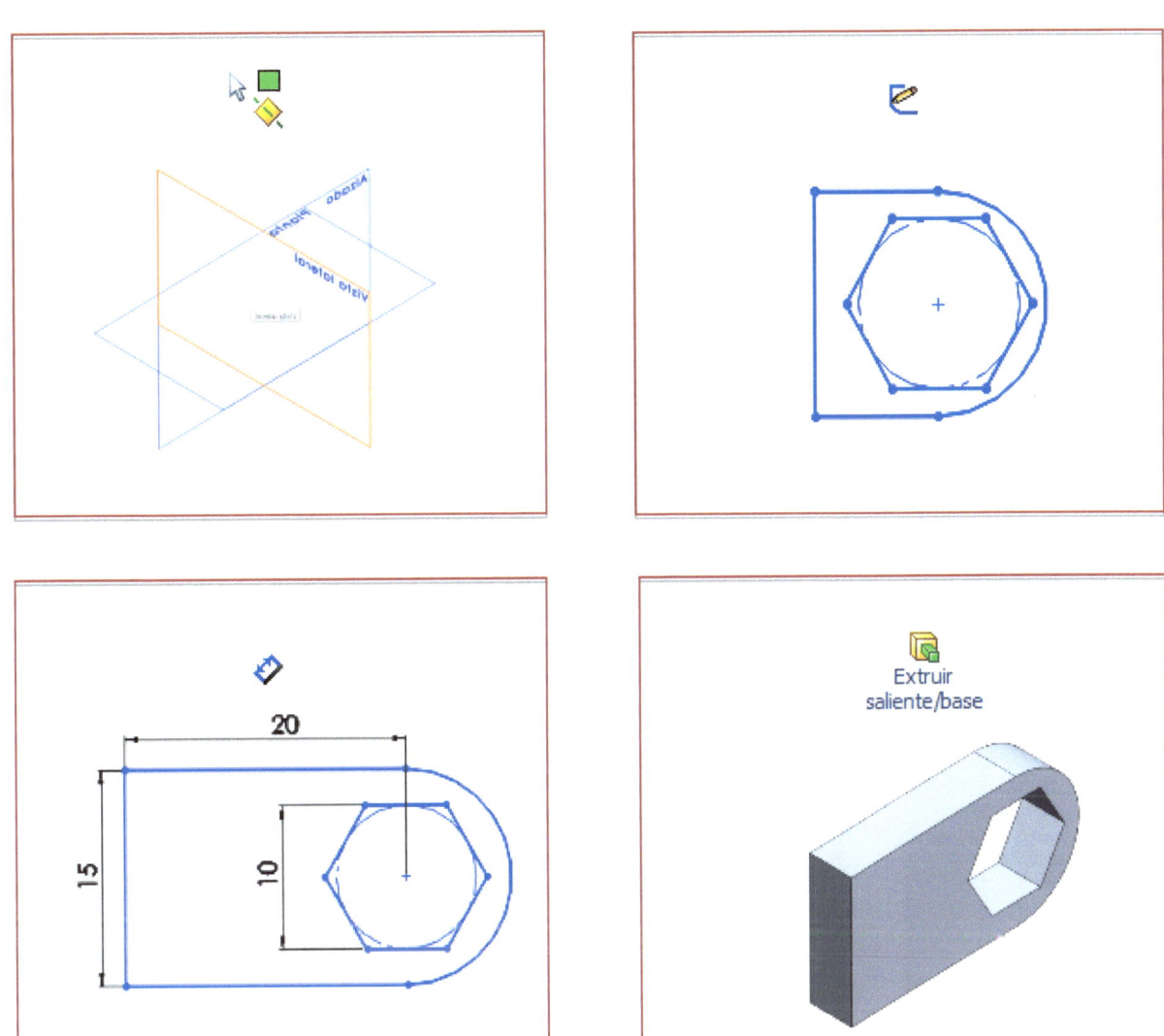

Figura 1.3. Etapas en la creación de un modelo 3D

4.2.1.1. Herramientas de croquizar

Solid Works contiene más de 40 herramientas para croquizar los contornos bidimensionales. Algunas de ellas se encuentran en la barra de herramientas de croquis y en el menú de persiana herramientas.

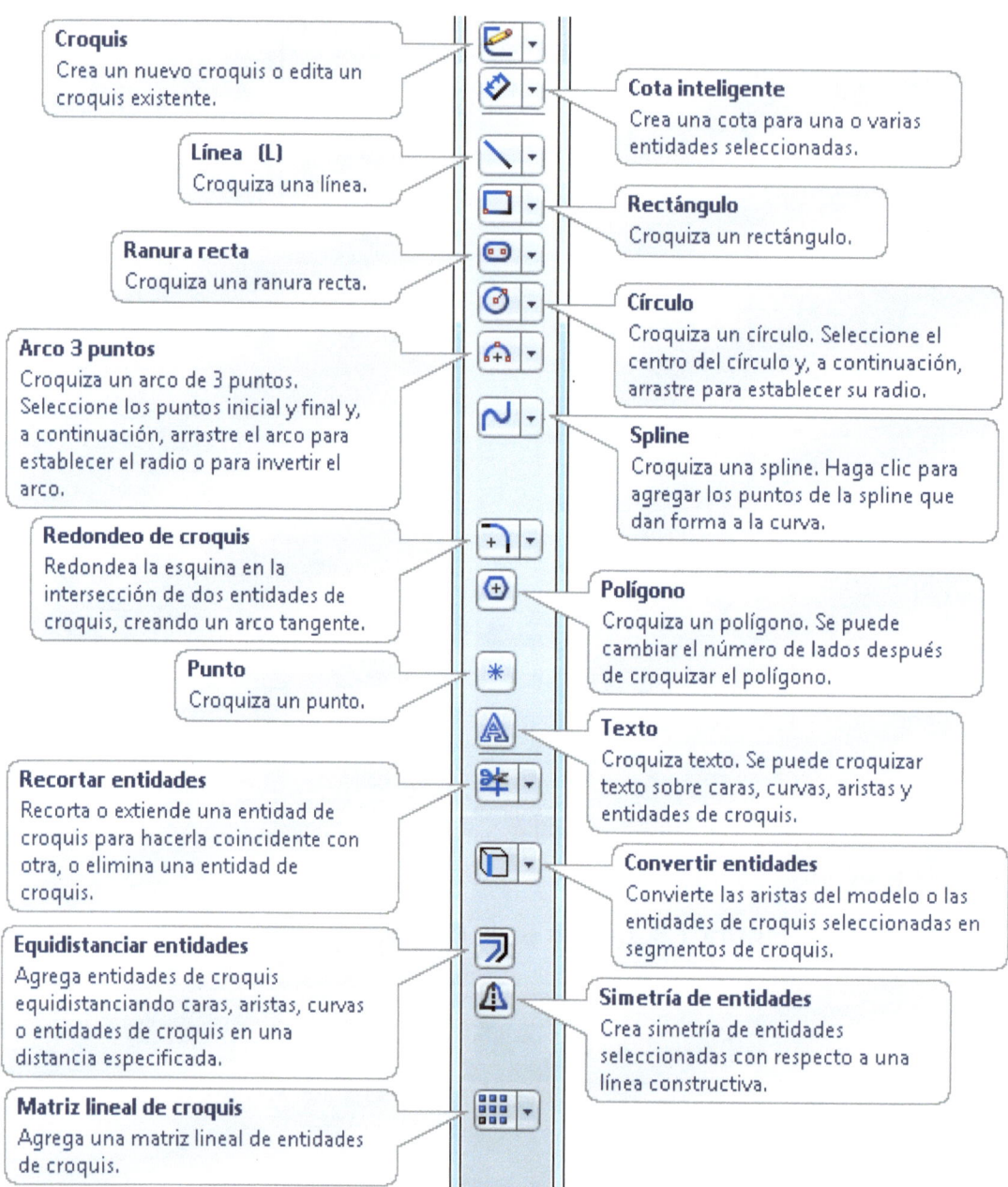

4.2.1.2. Relaciones de posición más utilizadas en croquis:

Icono	Relación	Entidades para seleccionar	Relaciones resultantes
— / |	Horizontal o Vertical	Una o más líneas o dos o más puntos.	Las líneas pasan a ser horizontales o verticales (según lo defina el espacio del croquis actual). Los puntos se alinean horizontal o verticalmente.
/	Colineal	Dos o más líneas.	Los elementos están sobre la misma línea infinita.
◯	Corradial	Dos o más arcos.	Los elementos comparten el mismo punto central y radio.
⊥	Perpendicular	Dos líneas.	Los dos elementos son perpendiculares entre sí.
∥	Paralelo	Dos o más líneas. Una línea y un plano (o una cara plana) en un croquis 3D.	Los elementos son paralelos entre sí. La línea es paralela al plano seleccionado.
∥YZ	Paralelo YZ	Una línea y un plano (o una cara plana) en un croquis 3D.	La línea es paralela al plano YZ con respecto al plano seleccionado.
∥ZX	Paralelo ZX	Una línea y un plano (o una cara plana) en un croquis 3D.	La línea es paralela al plano YZ con respecto al plano seleccionado.
↕Z	A lo largo de Z	Una línea y un plano (o una cara plana) en un croquis 3D.	La línea es normal a la cara del plano seleccionado.
⌒	Tangente	Un arco, elipse o spline, y una línea o arco.	Los dos elementos se mantienen tangentes.
◎	Concéntrica	Dos o más arcos, o un punto y un arco.	Los arcos comparten el mismo punto central.
∕	Punto medio	Dos líneas o un punto y una línea.	El punto permanece en el punto medio de la línea.
✕	Intersección	Dos líneas y un punto.	El punto permanece en la intersección de las líneas.
⨯	Coincidente	Un punto y una línea, arco o elipse.	El punto está en la línea, el arco o la elipse.

Icono	Relación	Entidades para seleccionar	Relaciones resultantes
=	Igual	Dos o más líneas, o dos o más arcos.	La longitud de las líneas o de los radios permanece igual.

	Curvatura igual	Dos splines	El radio de curvatura y el vector (dirección) coinciden entre dos splines.
	Simétrico	Una línea constructiva y dos puntos, líneas, arcos o elipses.	Los elementos permanecen equidistantes en relación con la línea constructiva, en una línea perpendicular a ésta.
	Fijar	Cualquier entidad.	El tamaño y la ubicación de la entidad son fijos. Sin embargo, los puntos finales de una línea fija pueden moverse libremente a lo largo de la línea infinita subyacente. Así mismo, los extremos de un arco o de un segmento elíptico pueden moverse libremente a lo largo del círculo o de la elipse subyacente.
	Perforar	Un punto de croquis y un eje, una arista, una línea o una spline.	El punto de croquis coincide con el punto en el que el eje, la arista o la curva perforan el plano de croquis. La relación de perforar se usa en Barridos con curvas guía.
	Fusionar puntos	Dos puntos de croquis o puntos finales.	Los dos puntos se fusionan en un único punto.

4.2.1.3. Definición de sistemas de medida:

SolidWorks® cuenta con diferentes sistemas de medida, dependiendo del uso que se le dé a los archivos creados. Para hacer un cambio rápido en el sistema de medidas basta con hacer clic en el menú desplegable que se encuentra en la parte inferior de la derecha del espacio de trabajo:

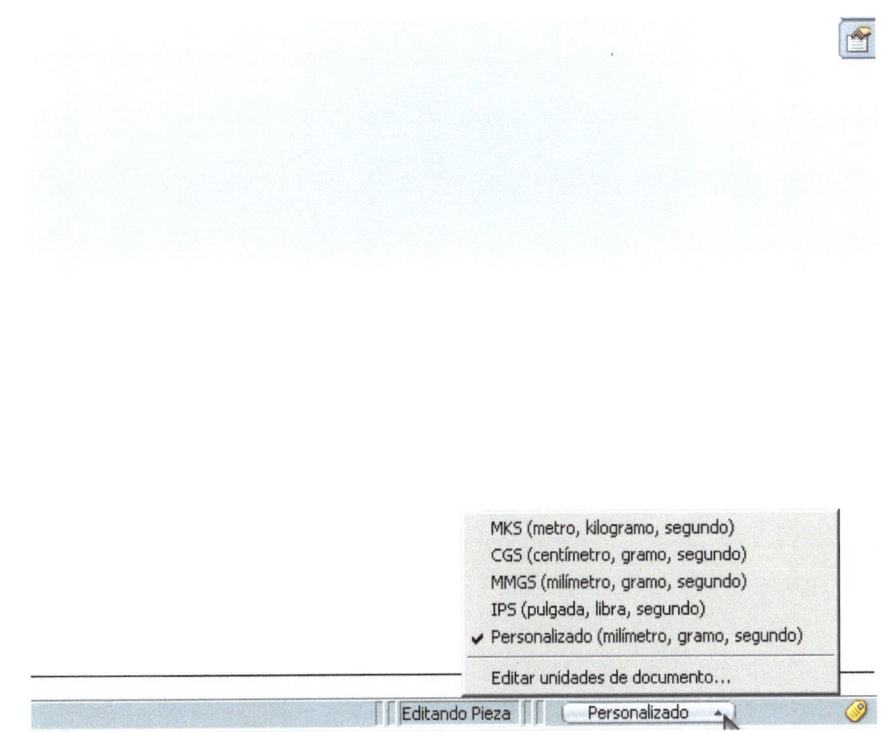

Ahí se podrá seleccionar entre los 4 sistemas más comunes, pero si se desea cambiar a fracciones o agregar o disminuir decimales, se puede elegir la opción editar unidades de documento.

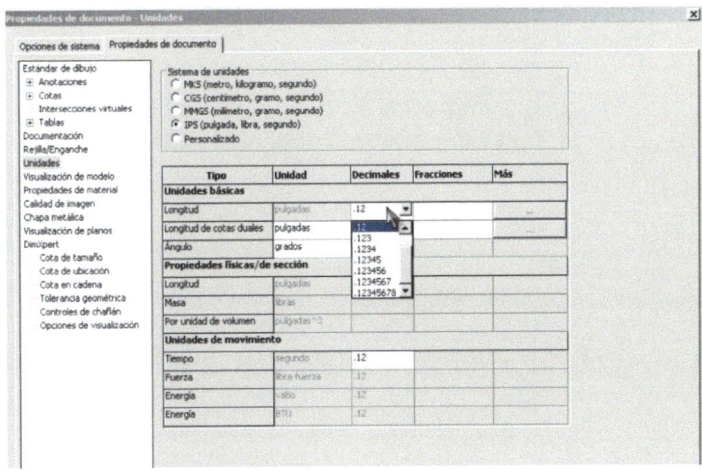

Sistema métrico. El Sistema Métrico Decimal es un sistema de unidades en el cual los múltiplos y submúltiplos de cada unidad de medida están relacionadas entre sí por múltiplos o submúltiplos de 10.

En SolidWorks® es posible seleccionar el sistema métrico denominado MKS (Metro, Kilogramo, Segundo) y submúltiplos CGS (Centímetro, Gramo, Segundo), MMGS (Milímetro, Gramo, Segundo).

```
Sistema de unidades
  ○ MKS (metro, kilogramo, segundo)
  ○ CGS (centímetro, gramo, segundo)
  ○ MMGS (milímetro, gramo, segundo)
```

Sistema inglés. El sistema anglosajón de unidades es el conjunto de las unidades no métricas (que se utilizan actualmente) es oficial en solo 3 países en el mundo, como Estados Unidos de América, Liberia y Birmania, además de otros territorios y países con influencia anglosajona pero de forma no oficial, como Bahamas, Barbados, Jamaica, Puerto Rico o Panamá, y en menor grado (particularmente en ingeniería y tecnología) en Latinoamérica. Pero existen discrepancias entre los sistemas de Estados Unidos y el Reino Unido (donde se llama el sistema imperial), e incluso sobre la diferencia de valores entre otros tiempos y ahora. Sus unidades de medida son guardadas en Londres, Inglaterra.

En SolidWorks® el posible usar el sistema ingles mediante la opción IPS (Pulgada, Libra, Segundo). Ya sea en decimales o en fracciones para el caso de la pulgada. También es posible escribir otras unidades como pies millas, etc. y SolidWorks® genera la equivalencia a pulgadas.

```
Sistema de unidades
  ○ MKS (metro, kilogramo, segundo)
  ○ CGS (centímetro, gramo, segundo)
  ○ MMGS (milímetro, gramo, segundo)
  ○ IPS (pulgada, libra, segundo)
```

4.2.1.4. Diseñando un objeto en 2D con SolidWorks®

Elabore el siguiente perfil, definiendo la geometría y los tamaños precisamente como se muestran, utilizando las restricciones geométricas.

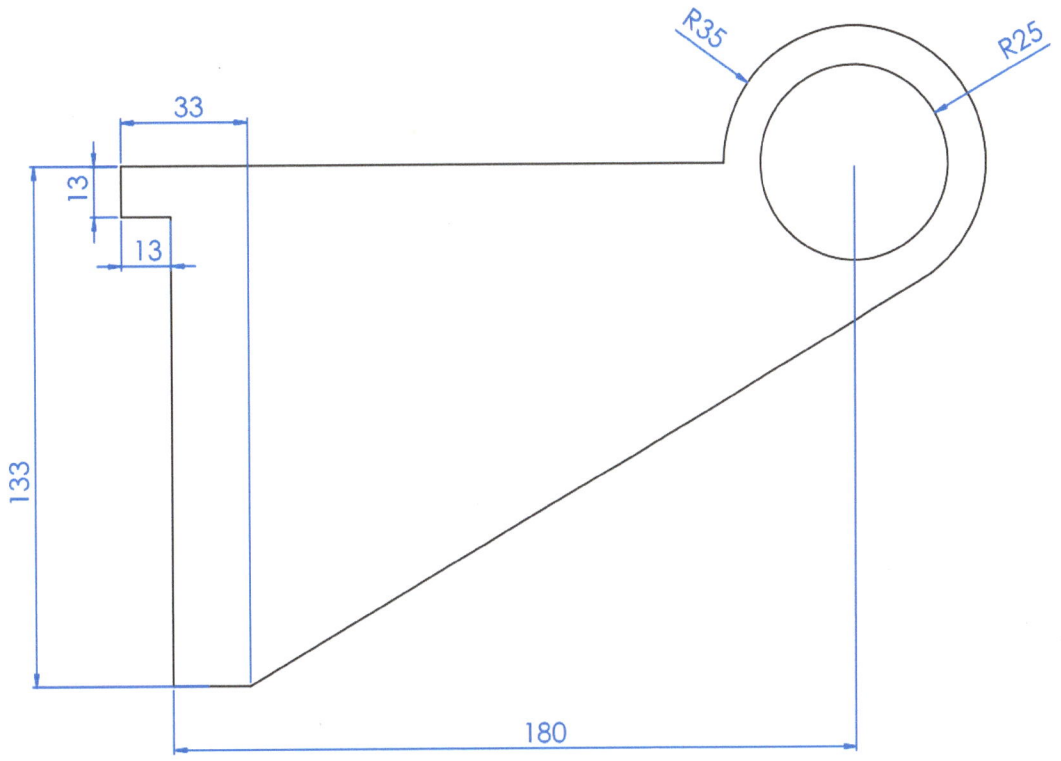

Pasos a seguir:

Tabla 1.- Los básicos. Tabla de pasos básicos para crear una nueva pieza.

	1. Elija el menú **Archivo** en la barra superior y después el comando **Nuevo**, que viene con el ícono de una hoja
	2. En el cuadro de nuevo documento, elija el ícono **Pieza** que viene en forma de T invertida y enseguida haga clic en el botón aceptar. Se abrirá un archivo de nueva pieza. El espacio de trabajo aparecerá abarcando la mayor parte de la pantalla, del lado izquierdo encontrará activado el **gestor de operaciones**.
	3. El en **gestor de operaciones**, haga clic en un **plano** (para este caso el **Plano planta**).

Croquis	4. En el administrador de comandos (barra superior del espacio de trabajo) encontrará una pestaña con el nombre de croquis, selecciónela y después haga clic en el ícono **croquis**.
	5. Comience trazando la figura deseada, no es necesario poner medidas aún. Puede utilizar el comando **Línea**, o puede utilizar el comando de **Círculo.** Se recomienda que al menos un extremo de línea o un centro de círculo, tenga una relación de coincidencia con el **origen** que se encuentra en el área de trabajo.
Cota inteligente	6. Seleccione el comando **cota inteligente** para empezar a dimensionar cada elemento del croquis.

Los trazos:

Trazos	Descripción de los trazos
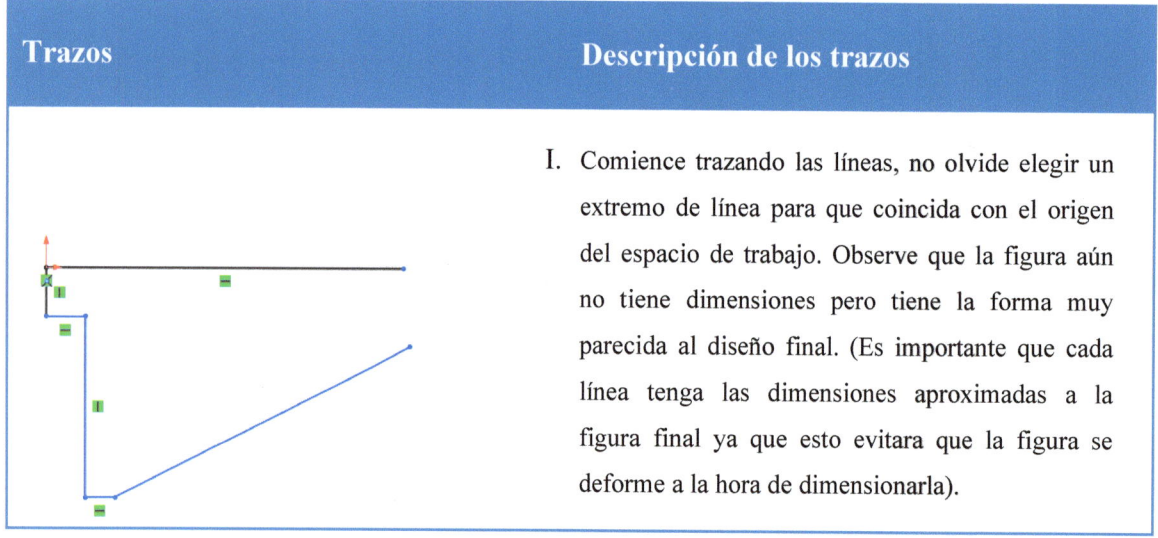	I. Comience trazando las líneas, no olvide elegir un extremo de línea para que coincida con el origen del espacio de trabajo. Observe que la figura aún no tiene dimensiones pero tiene la forma muy parecida al diseño final. (Es importante que cada línea tenga las dimensiones aproximadas a la figura final ya que esto evitara que la figura se deforme a la hora de dimensionarla).

Trazos	Descripción de los trazos
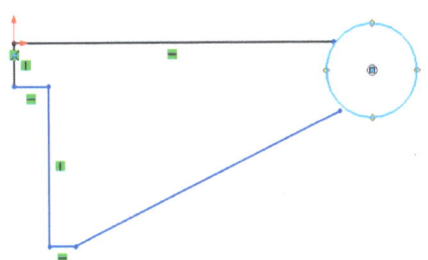	II. Trace un círculo cerca de la posición final. Puede o no hacer que las líneas coincidan con el círculo
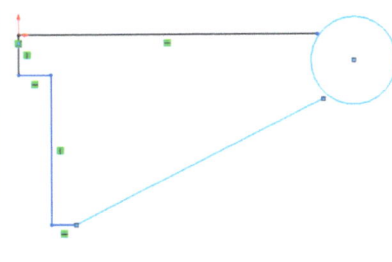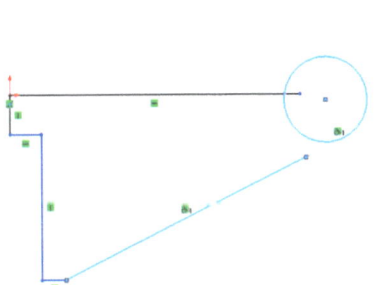	III. Con la tecla control presionada, haga clic en el **espacio de trabajo** para limpiar la selección y enseguida seleccione el **perímetro del círculo** y después (aun sin soltar la tecla control) seleccione la **línea inclinada** que está cerca del **círculo**, aparecerá un cuadro con **opciones de relación**, haga clic en el primer ícono (**Tangente**). Observará que la línea ahora pasa rosando el perímetro del círculo y posiblemente aparezca una línea punteada hasta el círculo. Esto significa que la relación y a está hecha

Trazos	Descripción de los trazos
	IV. Ahora seleccione el **círculo** y el extremo derecho de la **línea inclinada,** ahora aga clic en el icono **coincidente**. Verá como ahora se han unido el punto y el círculo para tener una relación doble: tangente y coincidente. Esto nos ayudará a definir completamente nuestra figura. Observe que hay 2 pequenos cuadros de color verde indicando las relaciones existentes.
	V. Ahora vamos a agregar una relacion llamada horizontal seleccionando con la tecla control el centro del círculo y enseguida el extremo derecho de la linea horizontal. Aparecerá el cuadro de las relaciones posibles entre esas 2 entidades seleccionadas. Haga clic en la primera opción llamada horizontal. Observe que ahora las 2 entidades están a la misma altura.

Trazos	Descripción de los trazos
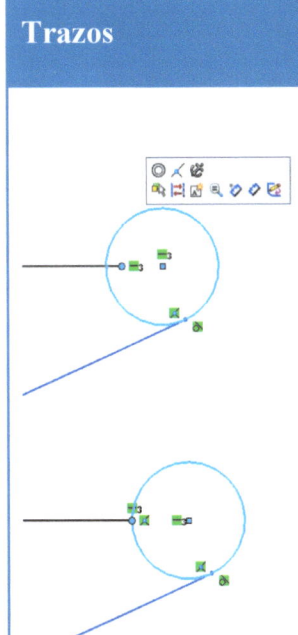	VI. Ahora vamos a unir el perimetro del circulo con la línea horizontal. Con la tecla control presionada y sin soltar, se seleccionan las 2 entidades mencionadas. Seleccione el segundo icono para que las 2 entidades tengan una relación de coincidente. Ahora observe como se encuentran unidas las 2 entidades y ademas observe los pequeños cuadros de color verde que indican las relaciones existentes.

pág. 53

Trazos	Descripción de los trazos
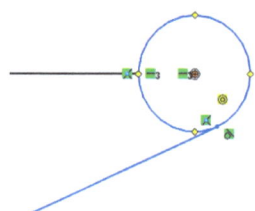 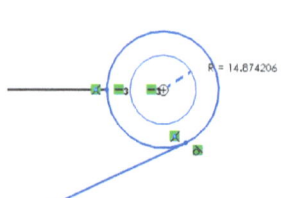	VII. Agregamos el **círculo interir** que falta en la figura original. Observe que al activar el comando del círculo y acercarlo en la parte donde está el centro del primer círculo, automáticamente se activa el centro para poder hacer clic y empezar el nuevo círculo. Haga clic en ese centro y despues desplace el ratón hacia un lado para definir el radio del nuevo círculo. Haga que quede aproximado al del dibujo final.
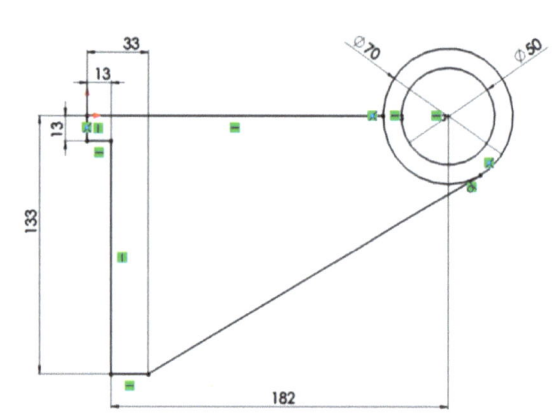	VIII. Con el comando **cota inteligente**, comience a seleccionar las entidades a las que le va a dar una dimensión, por ejempli, en la figura de la izquierda hay una cota de 33 mm en la parte superior, esta cota se logra haciendo clic en 2 puntos, el primero es el de la esquina superior de la izquierda de la figura y el segundo es el segundo punto de la parte inferior de la figura. Luego mueva el cursor para acomodár la cota de manera que sea visible para usted y que no obstruya cualquier otra cota (por eso se decidío colocar hasta arriba).

Trazos	Descripción de los trazos
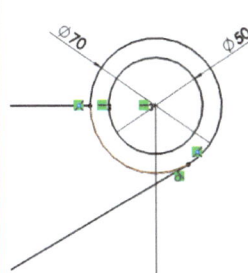	IX. Ahora es momento de recortar una fraccion de circulo que esta sobrando, para esto es necesario activar el comando **Recortar entidades** representado por el ícono de unas tijeras. Luego parte de la izquierda del **Espacio de trabajo** se activarán las opciones para recortar entidades, active la última opción llamada **Recortar hasta mas cercano.** Luego vaya a la figura y seleccione la entidad a recortar, en este caso es la cuarta parte del circulo mas grande (parte ubicada en el tercer cuadrante o dicho de otra manera la parte inferior de la izquierda).
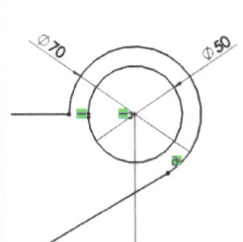	
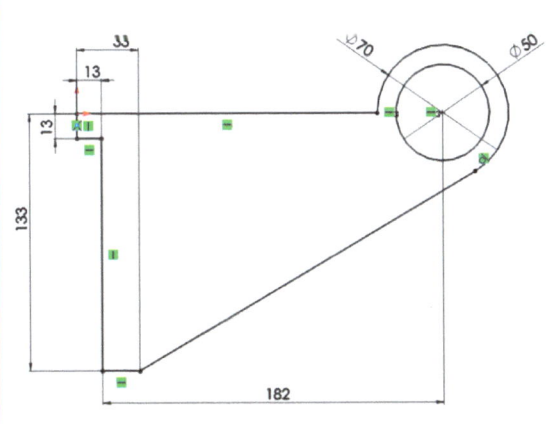	X. Por ultimo guarde su nueva pieza haciendo clic en el menu archivo **guardar.** Observe que al inicio las lineas y círculos que se iban trazando se encontraban en color azul, al final se encuentran todas de color negro, esto significa que cada entidad se encuentra completamente definida y si trata de arrastrarlas, estas no se moverán.

pág. 55

4.2.1.5. Problemas:

Elabore los siguientes perfiles. Defina la geometría y los tamaños precisamente como se muestran, utilizando las relaciones y restricciones geométricas necesarias.

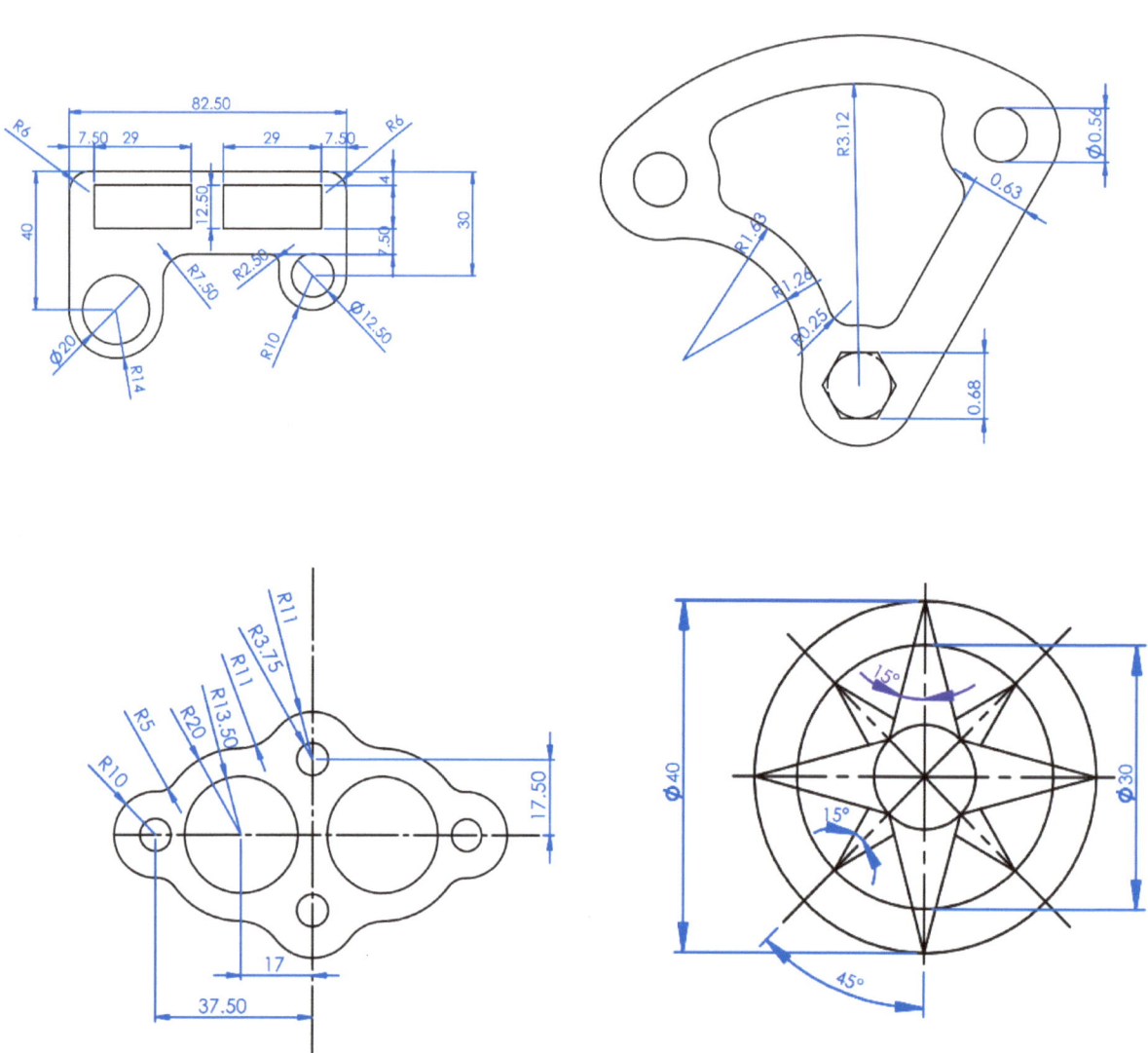

4.2.2. Dibujos de objetos 3D a partir de una superficie 2D

Las **Operaciones** son cada una de las herramientas de las que se disponen para diseñar las piezas. Forman un conjunto de funcionalidades que permiten crear **Extrusiones, revoluciones, chaflanes, taladros, redondeos,** etc.

En este capítulo aprenderá a construir figuras 3D a partir de superficies 2D creadas en un croquis.

Las piezas 3D se pueden configurar en diferentes unidades de medida. También podrá agregar algún color o textura, así como algún material que permita hacer estudios de simulación dependiendo del material.

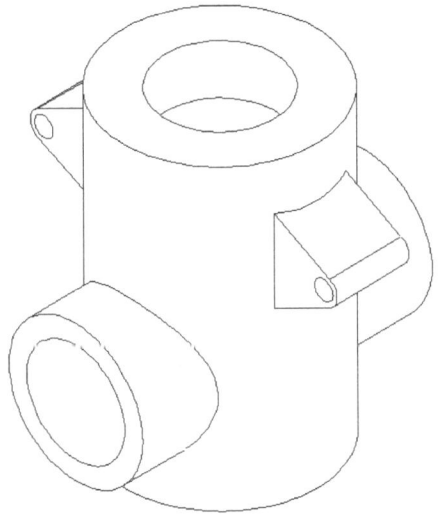
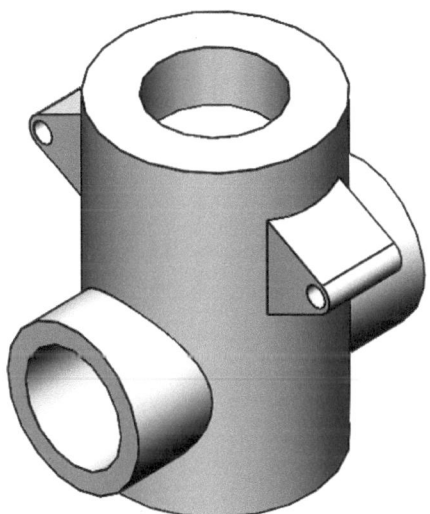

4.2.2.1. Operaciones de diseño

SolidWorks® cuenta con más de 45 comandos de Operaciones. La barra de herramientas de Operaciones cuenta con los comandos más utilizados.

Para usar las operaciones puede activar un conjunto de iconos incluidos en una barra de herramientas desde el menú de persiana de **Herramientas, personalizar**. La barra de herramientas de operaciones se denomina **Operaciones.**

4.3. EJEMPLO DE CREACIÓN DE SOLIDOS CON SOLIDWORKS®

La siguiente figura muestra el modelo a realizar para este ejemplo.

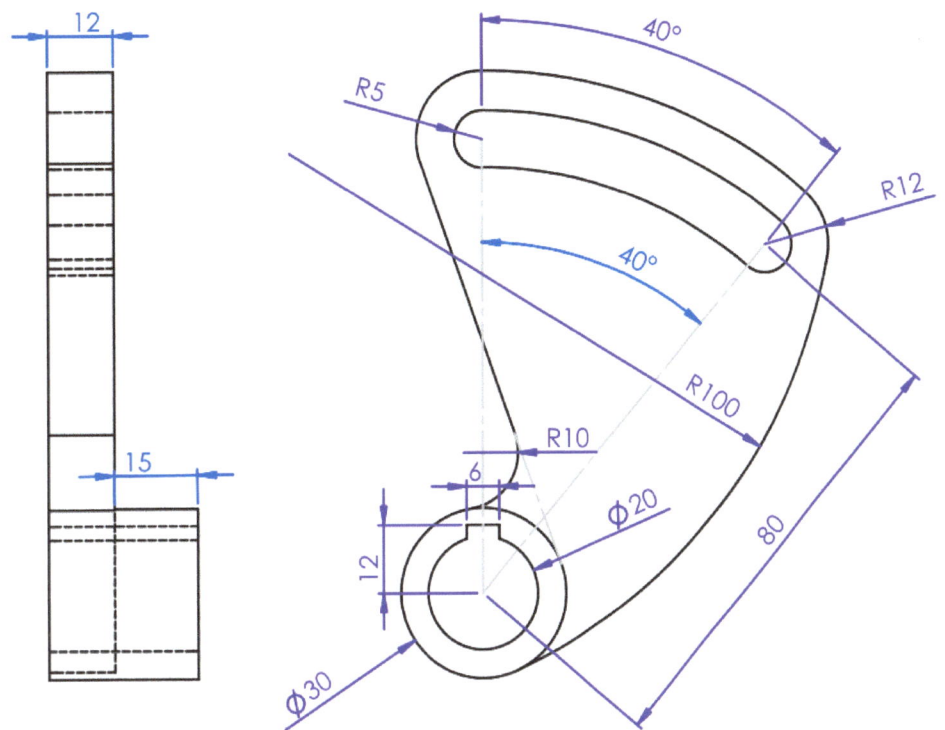

- Para comenzar vamos a usar un plano, en este caso será el plano planta. Este plano definirá el lugar donde empezará a trazarse el modelo tridimensional. Hacemos clic en el **plano planta** y luego vamos al **menú croquis** y activamos un croquis. Comenzazmos con los primeros trazos .

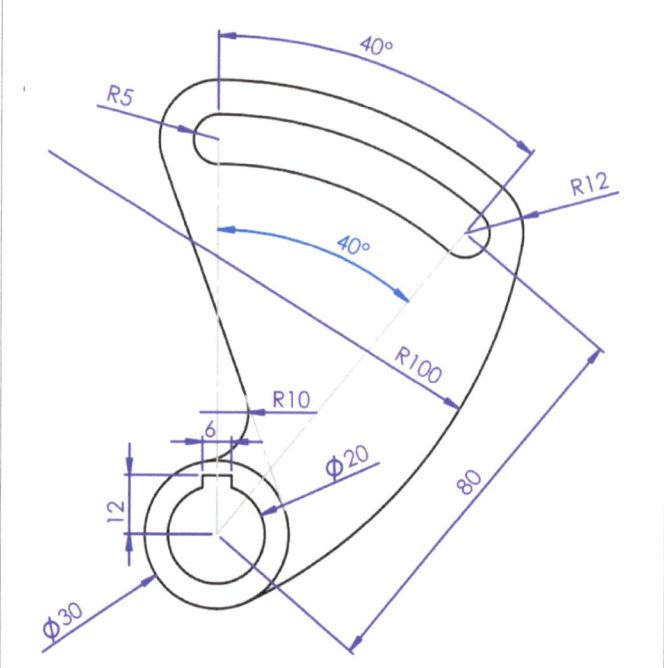

- Ahora que ya está listo el croquis, debemos tener cuidado en dejar el contorno cerrado para que se pueda extruir.

- Para ello el circulo de la parte inferior se debe marcar **Para croquis** . Luego vamos a la pestaña **operaciones** y seleccionamos el comando **extruir saliente/base** .

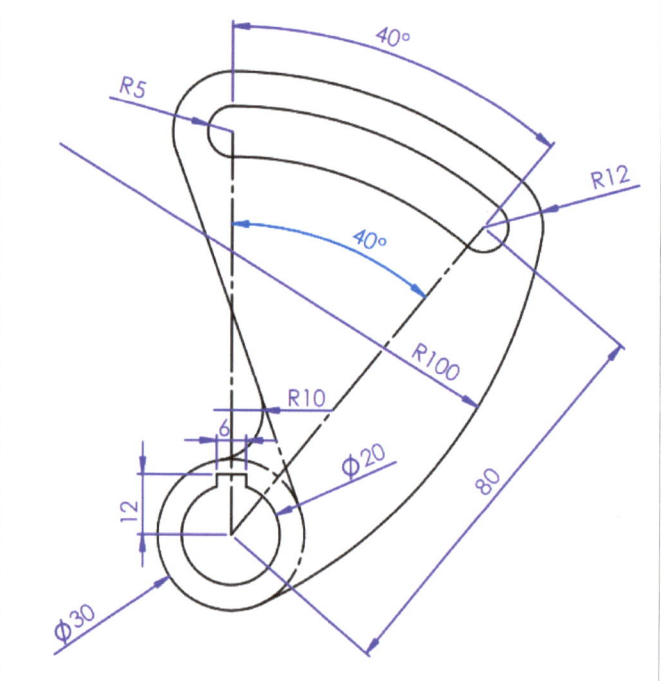

- El resultado es la activación del comando **Extruir Saliente**, ahora vamos a configurar el grosor de la extrusión y colocamos el valor de 12mm. Luego deberá hacer clic en aceptar.

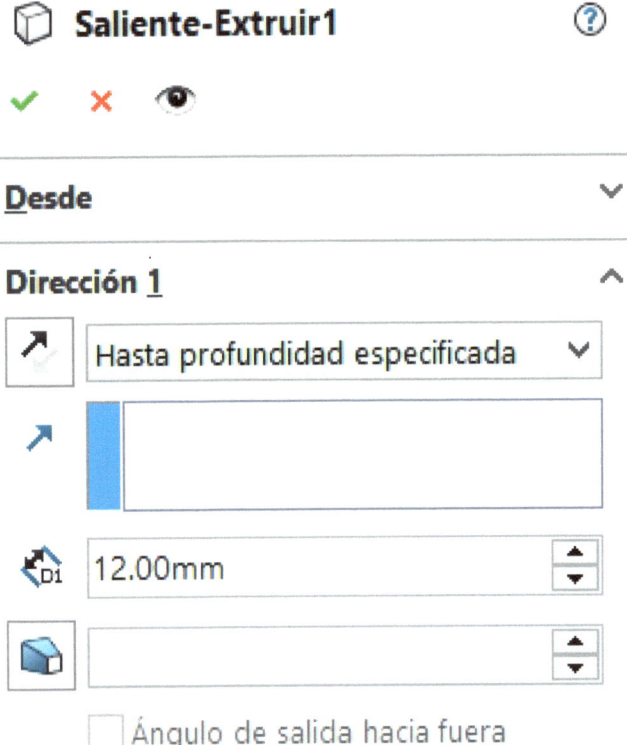

- Alparecerá su primer sólido en 3D, para apreciarlo mejor deberá presionar **ctrl-7.**

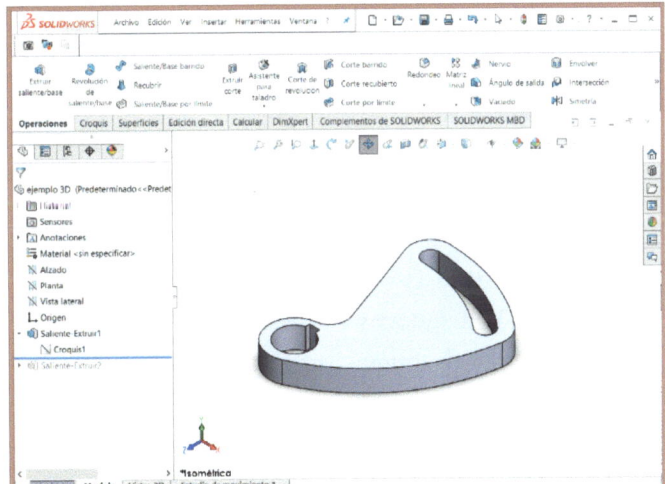

- Ahora debe seleccionar la cara superior de la pieza, en la imagen la cara seleccionada se ve en color azul. Luego vaya a la pestaña croquis y seleccione el comando croquis para crear un croquis nuevo. Y presione **ctrl-8** para la vista normal al plano, es decir que se vea de frente.

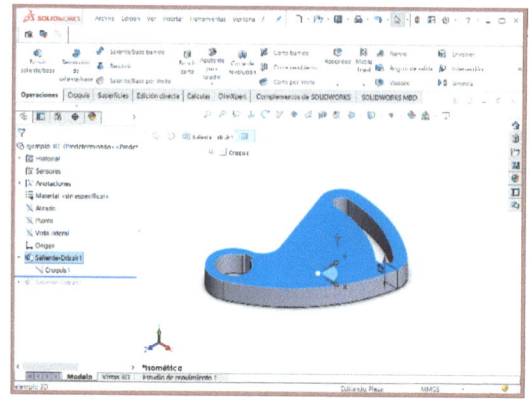

- Ahora vamos a crear el contorno que está faltando, puede crear un circulo completo.

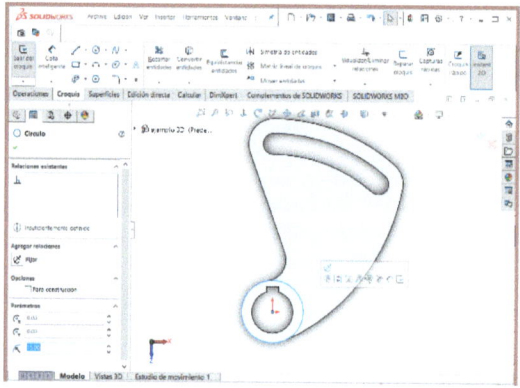

- Luego seleccione el arco y las 3 lineas que forman la parte interior de la seccion a extruir (para eso, mantenga la tecla ctrl. Y luego vaya a la pestaña de croquis y despues seleccione el comando convertir entidades y presione la tecla de aceptar.

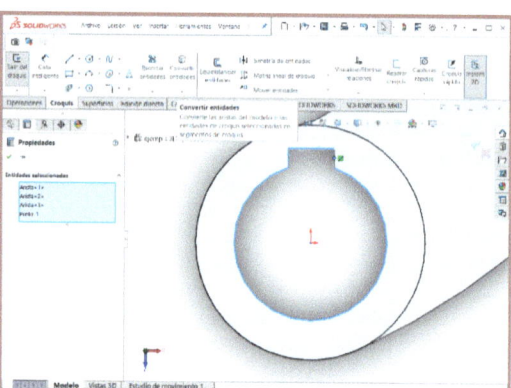

- Ahora vaya a la **pestaña operaciones** y elija el comando **Extruir saliente/base.** Luego seleccione el comando aceptar.

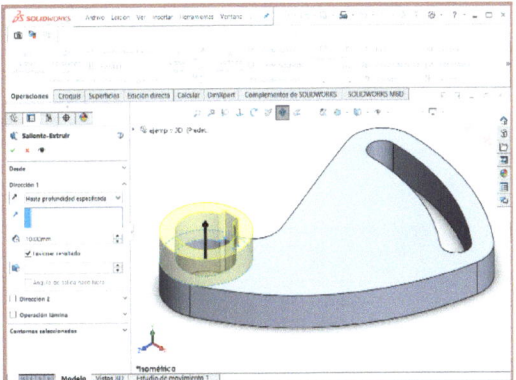

- Ahora tiene una pieza en 3D.

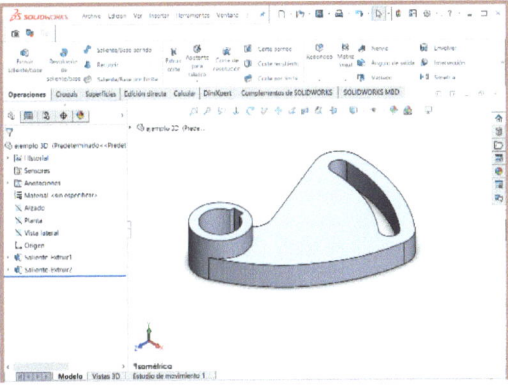

4.4. EJERCICIOS 3D CON SOLIDWORKS®

Práctica de Operación: Op-1

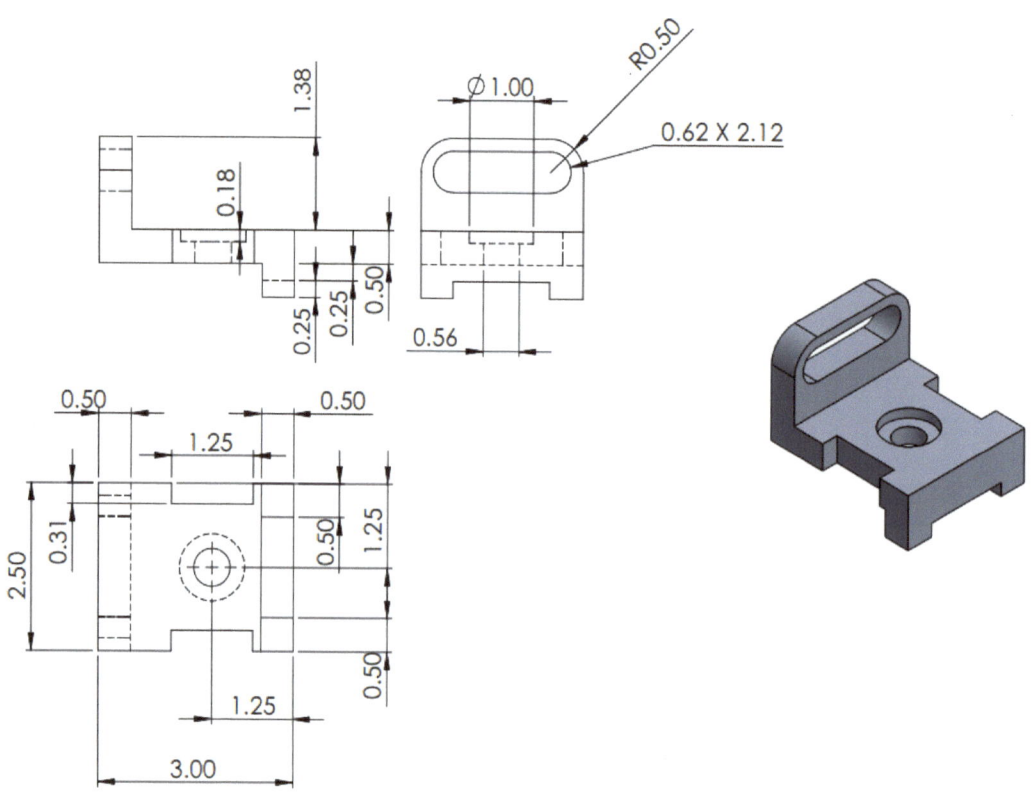

Práctica de Operación: Op-2

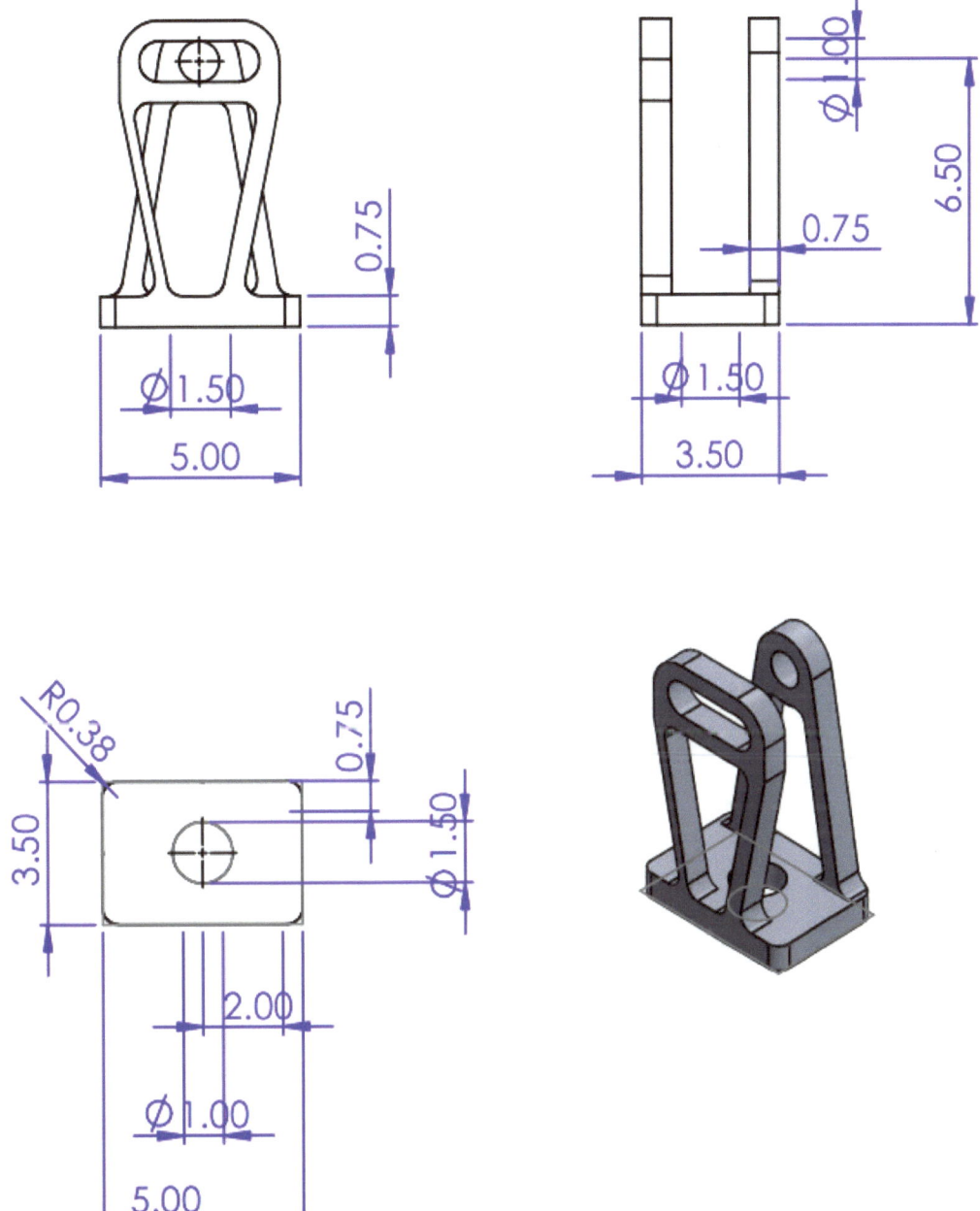

Práctica de Operación: Op-3

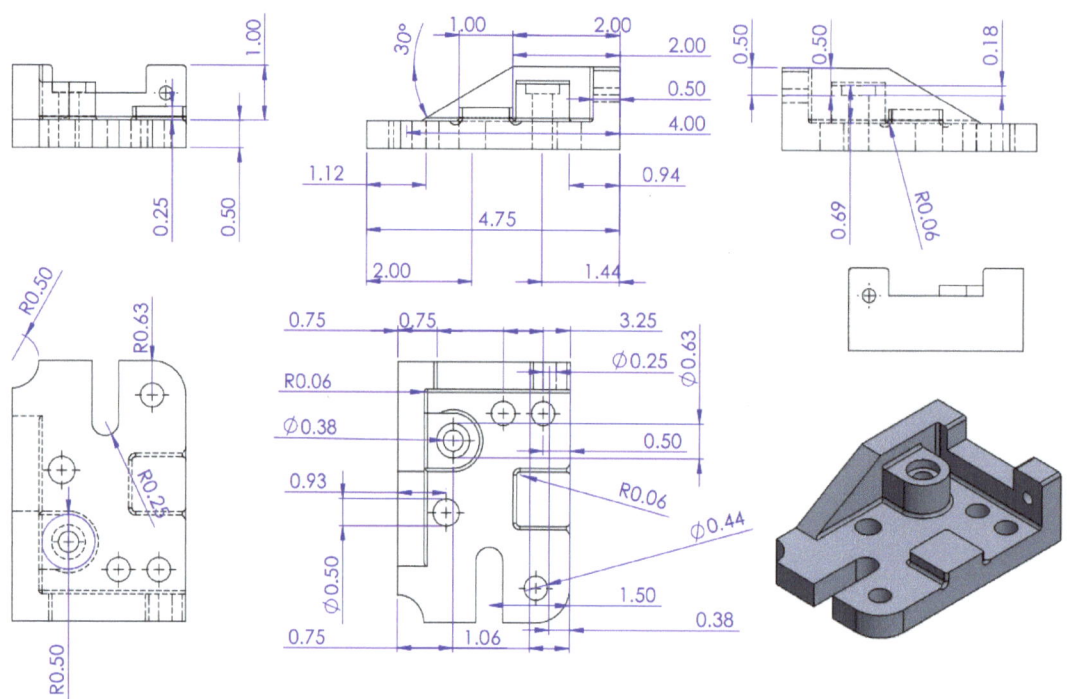

www.ingramcontent.com/pod-product-compliance
Lightning Source LLC
Chambersburg PA
CBHW051027180526
45172CB00002B/490